西学东渐·艺术设计理论译丛

发明 源于 设计

[美] 亨利·佩卓斯基 著

皮永生 唐 影 译

Invention
by
Design
How Engineers Get
from Thought to Thing

U0190855

重庆大学出版社

前　言

本书通过对回形针、铝制易拉罐、飞机以及现代高层建筑等我们所熟悉事物的案例研究，探讨工程设计与工艺技术的本质。在这里，我们将从工程项目设计、解析、失效、经济学、美学、传播、政治、质量控制等设计角度阐明这些现实中的人工制品（我以前的著作当中提到过一些）。这些研究案例也涉及各种工程领域，其中包括航空、民用电脑、电器、环境、制造业、机械，以及结构工程等。

我要感激那些与我进行信函交流，探讨我早期作品并分享他们宝贵个人经验的设计师、发明家、工程师及企业家们。本书中我回顾的案例充分体现出与他们通信过程中所获取的全新信息。尤其是那些直接参与书中人工制品研发的发明家和工程师。他们对细节的详细阐述使我能够把故事讲述得更加完整，他们赋予我第一手的写作素材，并且扩充了素材和新产品以及衍生品的信息。我也感谢那些与我通信以及在我巡回授课和演讲中遇到的设计理论家。他们不仅热情好客，还与我分享了他们的参考书目见解和研究方法。

本书的基础构架形成于1992年，旨在通过案例研究法在杜克大学的新课程中向工科类及其他类学生介绍发明、设计及进化的本质。我十分感激美国国家科学基金会的资助，让我从繁重的传统工科课程教学中解放出来，从而确保了本书的完成。杜克大学连续多届学生已经使用该书的多个部分作为课程内容，同时提供了反馈研究意见，这些都促使书稿的不断修正和完善。我尤其要感谢曾经担任该课程教学和助理研究工作的唐亚·戴尔、雷尔·额斯纳威和伊恩·思雷福尔。

我要再一次感谢杜尔大学威廉·R.帕金斯图书馆流通部的前负责人阿尔伯特·内柳斯以及维西工程图书馆的前负责人埃里克·史密斯。戴安娜·希姆勒不断为我所需的图书资料提供保障，还有我的研究生艾曼·卡玛，在他完成自己土木工程的学位论文时，为"传真机"一章的背景资料所做出识别、确认工作。

一些看过早期版本手稿的编辑和匿名评论员提出了很好的建议，在这些建议下本书最终的体系才得以成形。我还要对哈佛大学出版社的迈克尔·G.费舍尔、安·唐纳黑兹尔、苏珊·华莱士·勃姆以及吉尔·布赖特巴思表示最诚挚的谢意，是他们的热情关怀和慷慨帮助让本书从手稿到成形的过程无比愉快。

一如既往，我的女儿，凯伦和史蒂芬一直是我灵感的来源，同时让我十分钦佩的作家凯瑟琳·佩特罗斯基也是我的妻子，仍然是我最珍爱的读者。

1996年5月

目 录

1 概　论

在我们周围，工程产品随处可见。我们正在用来输入单词的电脑就是这样一个典型的产品。空调系统也是同样，无论外界炎热或是潮湿，它都能使我们（包括电脑）在室内拥有一个舒适的环境。当我们外出时，时常乘坐汽车行驶在有隧道和桥梁的道路或高速公路上；我们也可以通过电话、光碟、传真和计算机网络等方式"外出"。它们都是经由工程设计、制造和建构的产品。实际上，我们的日常生活深受各类工程和技术实践的影响，同样由工程产品构成的世界环境也影响着我们的行为。但什么是工程设计？它起源于何时？工程设计师如何将其付诸实践？以及什么是技术？技术的根源在何处？它与人类社会的活动有什么关系？以上的问题正是本书探讨的内容。

高科技电脑从发明者的突发灵感到呈现在我们面前，以及将工程设计师所绘制的一幅宏伟的结构图转化为创新桥梁的过程，都需要经过无数的步骤，很少能直接实现。它可能需要几十年艰辛而漫长的研发，而后需要倾注热情的长期实践，才能成为实用的产品。每一个工程项目都依赖于工程设计师的特质、企业特点、社会和市场氛围，还涉及经济、政治、美学、伦理等问题。此外，每个工程项目都高度依赖于可获得的不同类型的原材料。虽然工程设计是重组材料和发挥自然力量的艺术，但是工程设计师总是受到自然法则的约束，自然法则规定着哪些重组可行，哪些不可行。

本书试图介绍工程设计中诸多因素的相互联系。本书不从难以理解的大型结构和系统以及相应的数学和自然科学知识着手，而是从我们身边熟悉的产品来介绍工程设计。虽然它们看起来非常简单，近乎根本不需要任何复杂的工程技术，这些日常产品虽不要求尖端工程技术，但它们仍无一不体现工程设计的原理和规则。一个自学成才、天赋异禀的发明家发明出巧妙装置并花费百万用于创意实现的思维过程，与一个工科毕业生设计并开发新型装置，用于采集火星土壤样本并运回地球的思维过程并无二致。第一眼看上去如此简单熟悉的物品在概念形成、开发、生产以及营销等方面都可能会遇到巨大的系列困难。

工程设计是人类从早期文明实践中形成并传承至今的基本工艺。今天的工艺更加程式化和专业化，其中计算机大大地提高了其所需的计算部分的工作效率。但是这并不是说完成优质工程项目所需要的技能和规则就会有别于手工业时代。现代工程设计是一种有关数学和科学深层次的尝试，但是在实践中仍然需要大量的有关材料、结构以及能源等方面常识性的思考。数学和科学帮助我们分析现存的理念和想法以及它们在事物中的具体化存在，但是这些分析工具本身不能给我们提供任何理念。为了利于人类发展，我们必须思考和系统梳理那些自然法则和已有产品结构，找出其变化规律以便进行改进从而更好地实现预期目标，服务于人类社会。

设计与研发的"创意"将工程设计与科学区别开来。因为科学本身更关注对世界的"认知"。而在工程技术发展史上，工程设计师们一直探索着诸如：水为什么不存在于所需要的地方，材料为什么不能唾手可得，或是建筑材料如何搬运等实践性问题。古代的工程设计师常被召集来设计建造大型纪念碑，设计抵御敌人的防御工事，以及设计能够在崎岖的地面和汹涌大海上载人搭物的交通工具。在文艺复兴时期，诸如达·芬奇这样的工程设计师的设计理念已经远远超出了当时应有的认识水平，而另一些诸如伽利略等人则奠定了现在工程技术学院学生所学习的所谓分析方法的基础。工业革命带来了新机器与全新的制造技术的飞速发展，而机器与制造技术的飞速发展反过来又促进众所周知的当今科学和商业的全球化发展。

工程设计发展史上充满着克服失败，从一个胜利走向下一个胜利的鲜活故事；这些故事不仅仅是基于技术的发展，而且同样有着自身的文化背景和文脉传承。研究过去典型案例的目的，是为了洞悉当今极具挑战性的工程设计问题的解决方法并提出有益的解决方案。工程设计师们如何解决问题以及训练他们判断能力的故事，很大程度上让我们体会到一些基本的，但却不是与生俱来的人类努力尝试解决工程设计问题的意志品质。

◎案例研究

　　人工制品或是特定产品、项目、工艺流程的案例研究能够使我们在其具体实践的文化背景以及文脉联系中理解工程设计。虽然案例研究在细节以及完整性方面的程度有所不同，但随着讲述的不同故事的相互补充和方法的揭示，工程设计的共同特征就变得不言而喻了。每一个案例研究都可以扩展成为一本书，它或是关于为什么采用了这样的工程设计解决方式而不用其他方法，或是关于在满足人们需求方面有没有更好的工程设计解决方式。工程设计是一门折中的艺术，在现实生活中总会有提升的空间。但是工程设计同样也是一门实践的艺术，工程设计师们意识到必须实施某种程度的设计简洁化，从而着手产品的制造及构建。

　　例如，回形针看上去是如此简单和微不足道，以至于我们使用完之后不会留下任何印象。在第二章中，我们将回形针放置在技术批评的显微镜下以探明其中蕴含的设计方法。事实上，正如该研究案例所揭示：成功地设计和制造回形针极具挑战性，这也使得该回形针能够一直沿用至今。这些回形针以"宝石"牌最为人熟知，实际上，它远不是一个完美的人工制品。深入关注"宝石"牌回形针以及数百次对其改进而获得的专利，为我们深入了解工程设计的本质提供了途径，并引领我们进一步探讨，并不完美的人工制品如何主导市场？

　　在第三章中，铅笔的个案研究说明了工程设计师为求改进而使用的分析和量化物品功能从而进行改进的方法。我们都知道在使用铅笔时，如果用力过猛会折断铅笔尖。但是多大的力量是过大？作为铅笔使用者，我们可以尽量小心使用，用很轻的力量，以使铅笔尖不至于折断，但在特殊条件下，不可避免需要加大力度。比如多层复写的时候就要求用较大的力量书写，为了达到这一目的，铅笔尖上作用的力量就会很大。只有当我们折断一些铅笔尖之后，才会知道如何避免折断更多的铅笔尖。我们可以从错误的经历中推断出多大的力量才不至于折断它们。我们也知道，如果使用更好的铅笔，笔尖也会较少被折断；

如果握笔更加的竖直或者笔尖本身较钝也会较少折断。或者我们可以改换其他经过提升的品牌或型号的铅笔，其笔尖足够强硬而不易折断。当然所有这些观察所包含的意义对于大型工程与系统都同样适用。

从最初概念形成开始，甚至大有市场前景的设计获得专利后，往往是漫长而艰苦的开发过程，拉链的故事便体现于此，这会在第四章中叙述到，同时还讲述了一些具有很好应用前景的设计专利。现今无处不在的拉链，其起源和开发历程彰显了财政支持和精心策划在技术努力和商业成功过程中的重要地位。同时兼顾拉链稳定可靠的性能与其时尚、经济的特性，成为摆在参与其中的设计师们面前的巨大技术挑战，同时也为这一几乎让人难以理解的产品建立可行的市场空间。

第五章所呈现的研究案例讲述了另一个我们所熟悉的人造物品——铝制易拉罐，它犹如掌握在我们手中的一个虚拟工程实验室。了解它的起源以及其开发过程中的各种限制性条件，有助于我们理解其他事物的关键之处。铝罐的开发并不是以其自身作为发展目标，而是以可以得到数十亿份装饮料的可靠独立单元基本中心组件来衡量。当该系统中涉及较多因素时，单个组件的成本费用将是设计中的决定性因素。

尽管经济因素非常重要，但现实技术仍然最终决定着如何来塑造产品。例如，在设计制造一听易拉罐时，工程设计师们不但要考虑避免易拉罐污染到饮料以及在运输和携带过程中不发生泄漏，还要考虑易拉罐易于打开、倾倒和饮用饮料。此外，在铝制易拉罐带来极大便利的同时，也意味着对原材料和能源潜在的巨大浪费，以及清理废弃易拉罐所带来的大量垃圾和废物处理。探讨满足多个对立目标的困难，以及借鉴工程设计师们和其他相关人员与诸如此类的困难作斗争的方法，有助于我们更好地理解工程设计、经济、大环境之间的相互影响关系。单个铝制易拉罐是一回事，但在其拥有数十亿克隆铝制易拉罐的背景之下又是另外一回事。

第六章讲述的是一部具有传奇色彩的尖端设备——传真机的故事。该故事开始于19世纪，但最后并未开发出与现今一样的操作便捷的设备，如今的传真机被置于一个通信网络之中，在这个系统中数据能够准确地进行传输。从19世纪80年代开始，传真机得到了大幅度的推广应用，这一变化不仅仅源自纯技术力量的推动，同时更得益于政府放开管制、传真标准的开发确立以及文化发展的需求。工程技术绝对不可能在缺乏其他相关要素的环境下进行有效的运作。

发生在当代历史文化背景下的许多工程设计与开发都被打上了深深的全球化发展烙印，商业喷气式飞机开发史就清楚地说明了这一点。正如第七章中讲述的波音777飞机的故事，这种双引擎宽体客机于1995年投入客运服务，它的出现为证明数字计算机日益发挥重要作用提供了契机。现如今数字计算机不仅用于设计、测试和制造，而且在20世纪晚期后它也被用于操作一些复杂的机器和系统。计算机软硬件应用所展示出的强大能力，标示了21世纪工程设计学发展的一个新的里程碑。

设计大型飞机或者其他壮观的建筑并不是所有工程设计师的梦想。对某些工程师而言，他们追求最难捉摸的梦想是使那些在表面上并不引人注目的系统运转更加有效。比如，安全饮用水的供应、废弃物处理以及洁化环境等。因为工程设计总是不可避免地和社会需求紧密联系在一起，所以工程设计的实现是一项社会事业。最明显的案例就是第八章所介绍的饮用水供应以及废弃物处理系统等。在这一领域，就算是工程设计师独自一人在台式电脑终端或者绘图板上工作，他们的工作也必定会在技术和非技术的层面与其他人的工作产生潜在的联系。事实上，没有任何一个人工制品或者系统的设计和分析能够独立于更大的社会系统而运行，一流的设计和分析人员便是那些能随时意识到所有事物内在联系的人。

这个关于大型桥梁项目的故事用来说明大型项目本质的复杂性，重点介绍了在复杂的政治环境中的项目实施。在第九章中，旧金山—奥克兰海湾大桥的修建史案例表明许多大型项目都需要长期的策划，同时在此期间还提出了无数的备选方案。货运清关问题，引入桥梁道路的权利，轮渡公司的权利，建设所需的财务责任，桥梁的通过容量，桥梁的美观以及其他的一系列在修建该座桥梁背景下各不相同却又相互关联的问题，这些都为如何大致理解大型工程项目提供了范例。

在20世纪后期，各种各样的系统几乎已运用到每项工程的每一个方面，工程设计便深受这种影响，作为古老技艺的建筑结构也不例外。第十章将介绍在现代摩天楼进化过程中起到重要作用的电梯及其他系统。表面看来是单纯的工程成果，实际包含电气工程、环境工程及机械工程的多方努力。这种打破传统专业界限的学科交叉的情况与日俱增，这无疑会成为21世纪工程设计学发展的关键所在。

站在工程设计的视角观察我们日常生活中遇到的事物，可以发现即使是最简单的对象也可以被看成是技术课程。我们对优雅的工程产品赞叹不已，并将其视为样板，我们也能够批判拙劣的工程设计并使我们更好地理解全世界如何生产产品以及改良产品。一个善意的批评是给予发明家、设计师以及工程师最好的鼓励，它也是推动造物世界和技术不断演变的动力所在。如果满足于周围的一切，我们将会失去革新的意识，世界也将变得一成不变。尽管有些人比较喜欢保守的处理方式，这样就能减少风险但也损失惊喜，这同时也意味着限制了工程设计师、政治家以及人民大众实现梦想的进程发展。事实上，有些工程设计师并不把追求建筑的经济性作为自己的信条，因而工程设计行业不负责任地侵占着有限的资源来对从易拉罐到桥梁的每一种事物进行过度设计。很明显，对于社会而言，各种保障安全的构件和系统非常重要，需要对这些项目进行财政支持，每一美元都有它该存在的地方，应用到实处，如保养和维护等。在现实世界中，这样的问题不可避免地与政治及社会问题纠缠在一起，工程设计问题也不能幸免。

2 回形针及其设计

回形针似乎是结构最简单的物品之一。其最常见的形式是由四英寸长的一段铁丝通过三次弯折而成，它看上去既美观又实用，完全由单个组成，不需要成组使用。没有人想要随身携带一盒回形针，我们也往往不会去考虑它如何制造和使用。我们将回形针理所当然地看作一件很熟悉的人工制品，很少有其他想法。回形针似乎太过简单而又无处不在，使得它非常有趣而又极具启发意义。然而，有时候越简单的物品往往隐藏着越多秘密，同时它也和最复杂的物品一样，能够给我们带来许多具有教育意义的体现工程设计本质的经验。

当一个物品简单并且小到可以在我们在手中随意把玩时，我们可以发自内心地反思它是如何制造以及如何被使用。如果该人工制品足够便宜，任何一个人都会有能力购买，然后用任何一种方式对其进行拆卸、检测，这些都有助于我们理解该物品如何制造和被使用。如果该物品的功能原理在概念上简单并清晰可见，我们就可以探讨如何策划设计改良下一代产品的问题。最后，该人工制品必将是作为一个引人入胜的实例来隐喻工程设计本身。

拿起一盒回形针并仔细审视它，可能只有很少的信息印在盒子上面，这些信息一般包含：品牌名称（ACCO，这似乎只是另一个匿名名称的首字母缩写，或是Noesting，又似乎只是一个很难发音的没有意义的单词）；一个词汇用于描述该回形针（该词汇往往都是犹如：宝石、美丽无瑕宝石、无与伦比、理想的等正面措辞）；包装中的产品数量（通常情况下都是一个比较好记的整数，比如100；但是谁又会真的去数包装中的回形针数目呢？）；产品编目或是库存数量（便于供应商及时补货）；或许是制造商的地址（因此采购部门能够知道在哪里再次订购，或者能够找到供应商以及知道到哪里投诉该产品）；最有可能出现的是无处不在的UPC条形码（通用产品代码），它能够使结账柜台实现自动化；比任何其他信息都更有可能印刷在出售的包装盒上的，便是盒内该种回形针形象的图片。

显然没有必要在回形针的包装盒上印刷产品使用说明。我们都认为自己懂得如何使用这一灵巧的物品，就像我们懂得如何打开盒子并取出一枚回形针一样，但是我们可能很难单独用语言来解释如何用单个的回形针来夹住一组   文件。

让我们打开盒子并取出一枚回形针。用手指从这摞回形针的最上层取出一枚，完成这一动作甚至不需要用眼睛看。我们极少会停下来欣赏回形针或者是惊讶于它。如果我们另一只手紧握纸张时，我们会看一眼回形针，以便确定其是否对准并别住纸张；如果没有，我们会不假思索地用手指进行调整。当我们拿着回形针准备别纸张时，我们将下意识注意到回形针环必须滑套上纸张的每一面。经验告诉我们，一枚标准的回形针不会在纸张表面自由滑动，不管怎样，我们必须掰开回形针，常用的方式是通过一个微小的动作，用回形针较长环的末端紧压纸张的一面（用另一根手指支撑起并绷紧），同时掰弯回形针至恰当位置以使回形针较短的环能够滑套在纸张的另外一面。这一切都如此快速而又自然地发生着，必须的复杂而微小的动作技巧常常被忽视，然而这一动作对使用回形针十分重要，也是我们将其作为一件工程设计品来评价的核心 所在。

◎材料弹性

回形针的工作原理是：它的两个圈能够分开到足够大的空间距离从而容纳一些纸张，当释放开来以后由于回弹作用而夹紧纸张。对于实现回形针功能的这种弹性运动，比起造型本身更为重要。回形针可以发挥功用的关键是它的弹簧作用，而不仅是因为它外形是回行。要体会这点，就把一枚回形针掰开到比它要夹住一叠纸张厚度更大一点的位置，失去弹性后它将不能起到回形针的作用，总是存在一个将回形针掰开以后它不能回到刚从盒子里面拿出时的扁平状态的临界点。当达到临界点后，回形针的伸缩范围就被突破（或者说是铁丝发生了塑性形变），让其恢复到它在盒子里面的状态非常困难。毫无疑问，回形针也不再能够有效地别住纸张或者平放在纸张之上。

工程设计师所使用的每一种材料，无论是木材、铁、混凝土还是回形针所使用的钢丝都具有弹性特征（与橡皮筋的弹性相同），弹性表现在组成这些材料的任何一种物质中。这一材料属性特征被发现并被确立于久远的亚里士多德时代，但是它只在希腊的哲学界中作为特定的讨论主题。在公元前4世纪收集汇编的《机械问题》中提出了这样的问题："为什么木头越长越脆弱？为什么它们长得越高越容易弯曲？"我们确实观察到几乎所有的长条形物品都具有这样的属性，如狭窄的物品、意大利空心粉、铅笔芯、塑料尺以及码尺等。任何细长形的物品都容易弯折，而且越长越容易弯，如果不被折断或是发生了塑性变形，让松开之后它又将回到平直状态。弹性的作用在亚里士多德的年代过去2 000年后，才充分被认识。

即使是伟大的伽利略也没有充分认识到所有物体都具有一定弹性的事实，在第三章中我们将看到相关的介绍，这也导致他在1638年出版的具有开创性的著作《材料力学》中犯了一些基本错误。这个问题留给了与牛顿同年代的罗伯特·胡克，他明确说明了弹性的基本属性。胡克是最早使用显微镜的倡导者之一，因此他习惯于近距离的仔细观察自然和人工制品，也就能够发现被其他科学家所忽略的细节（胡克将其首次的观察结果发表于1665年出版的《显微术》上，这本著作包含了众多简单物品的细节，如针尖或是剃刀边缘）。

17世纪的科学家们对于是谁首先发现微积分、弹性自然规律以及发明灵巧的新设备等问题产生了激烈的争论，因此大家在公开宣称新发现时都遵守默认的规则。这种规则大概是这样：一个人的新发现不会直接披露太多细节，直到有其他科学家或发明家有时间或有倾向将要做类似事情的时候才会被披露。虽然胡克早在1660年就发现了弹力的特性，但是直到1678年他才公布了有关弹力或是材料弹性的发现，然而在形式上仍然像拼字游戏一般，让人感到扑朔迷离。

当时的惯用语言为拉丁语，然而这些字谜并没有像我们今天所预期的那样说明组合起来的意思（例如，"THEY SEE"就是一个经典的现代字谜，代表的意思是"THE EYES"）。因此，胡克的字谜呈现为颠倒的字母顺序，如 "ceiiinosssttuv"。当他准备表达自己的原则时，他重新排列字母并拼写"ceiiinosssttuv"。"Ut tensio sic vis" 通常被翻译为 "因为需要扩展，所以产生了力势"。

胡克发现在超出弹性形变上限之前每个物体的延伸都会与其所受的作用力成比例。因此我们越是拉伸一些弹性物体，就会有越多的阻力阻止其进一步的延伸。所以如果我们拉伸橡皮筋的力量是现有的两倍，那么橡皮筋的长度也将是现在的两倍。如果我们拿着很长的意大利空心粉的一端，它以轻柔的弧度下垂而几乎不被察觉。在这里，拉长意大利空心粉而产生的弯曲是由于自身的重力起到了牵引拉伸的作用，伸展的结果则是发生了弯曲。如果意大利空心粉太长就可能会被折断，如果我们使它摆动就会增加其重力的惯性从而使曲线弯曲超过胡克定律或者纤维弹性的极限，同样也会折断。把意大利空心粉以及其折断的部分放回桌面时，在桌面的支撑之下它们又会重新变直。

这些弹性现象表现为胡克定律，弹性现象（同时包括材料和结构的其他现象）影响着工程设计师设计的所有人工制品的性能，如飞机机翼、桥梁、摩天大楼以及回形针等。沉重的线缆支撑着摩天大楼内的电梯，同时还承受着线缆极度拉伸而增加的弹力，如果不在设计电梯系统时中适当加以考虑，线缆所产生的弹力将使电梯不能在正确的位置开关电梯门，从而影响乘客的使用。

就算是在最简单的物件的操作中，一定程度的弹性也非常有用。例如，如果一枚大头针没有足够的柔韧性以使其在穿过一块布料时产生适当的弯曲，那么针将变得非常的难用或者根本无法使用。此外，如果它没有足够的弹性，那么在轻微弯曲时它将一直保持弯曲状态或是发生塑性形变，这就使得它不能被重复使用。众所周知，大头针在纽扣出现之前的主要目的是用来将衣服扣在一起，但是如同所有的技术工件一样，在被纽扣取代以后，大头针也被开发出了其他巧妙的用途。早在现代回形针被开发出来以前，大头针的一个重要用途是将纸张别在一起。直到今天，大头针的这种使用方式在第三世界国家、银行以及经纪公司还能够见到，因为这些机构不能容许回形针

图2.1 19世纪中叶，英国工程设计师伊桑巴德·金德姆·布鲁内尔的肖像画，他拿着一支铅笔，并在桌面前台放着一枚木制回形针

可能从文档中滑落而带来的风险，也不想花费更多的时间来移除订书钉。在金属回形针应用之前，晒衣夹以及其他类似木质夹等工具也用于将大摞纸张固定在一起（图2.1）。19世纪中期，"回形针"这个术语往往意味着相当大的金属夹，很像今天我们看到的用于夹报刊的报夹。直到20世纪以前，仍然使用大头针来固定少量纸张。

◎铁丝加工成型回形针

使用了几个世纪用来制作大头针的各种金属线也同样适合用来制作回形

图2.2　18世纪制造缝衣针的劳动密集型活动表明，那个时代劳动分工已出现在大头针制作活动中

针，但是弯曲金属线以形成回形针的理念很明显是对过去存在技术的再利用而非创新。将金属线弯曲为巧妙的造型是一个古老的概念，甚至在罗马时期人们就有了作为安全别针的器物。但在19世纪中后期出现金属线加工设备以前，哪怕就是制作单个的大头针或者缝衣针的工艺都相当冗长而乏味。18世纪苏格兰的经济学家亚当·斯密在其名著《国富论》中就用大头针的制作作为典型例子说明劳动分工及其经济效益。加工流程中的每一个步骤都被分割开来独立完成，工人们集体每天能够共同生产4 800枚大头针。斯密预计，如果让一个不怎么懂得这些技术的人单独完成生产大头针的所有步骤，每天的产出可能不到20枚。在18世纪晚期，由狄德罗·丹尼斯编辑出版的法国著名百科全书描述了大头针和缝衣针的生产过程，并用插图展示了部分工艺过程（图2.2）。不难看出设计出制造机械的效率优势，所有制造大头针的冗长步骤都用机械化生产来完成。但是，这样的制造工艺一直延续到19世纪30年代，美国发明家约翰·豪成功开发出有效的大头针生产机器才得以实现（图2.3）。这种机器一直陈列于史密森学会的国立美国国家历史博物馆，此外还有一盘录像带，录制着由这台机器生产大头针的过程。

图2.3 一台大头针生产机器,约翰·豪于19世纪中叶获得了该机器的设计专利

　　如大头针长期由手工制作一样,回形针无疑也可由手工制作,但这是由于市场对制作大头针与回形针的专门化器件没有迫切的需求。随着工业革命的发展,伴随而来的是企业在国内以及国际的商业扩展中需要处理越来越多的纸质文件,在这样的情况下,十分专业化的物件如回形针等会很好销售,如果能够高效地生产出来,必将为生产企业带来利润。

　　想象一下回形针如何由手工制作。它很可能开始是像制造大头针一样,用一根金属丝绕成一个圈,然后校正,进而在适当的长度截断(一般来说大约是4英寸)。当然,金属丝本身也有弹性,事实上正由于具有一定限度的弹性才使它有了形成回形针的可能。当金属丝的弯曲超过了弹性极限,它将保持弯曲的形状。从实验和错误中获得经验之后，人们可以学会如何弯折金属丝，或许要借助尖嘴钳的帮助，适当地超过弹性极限后释放金属丝，金属丝能回弹达到所需要的形状。过了一段时间，人们可能会开发出一个设备来进行折弯的工作，人们可以设计固定桩丁或者夹具，围绕着桩丁或是在夹具中加工金属丝。用这样的方式可以十分高效地生产更多的回形针，并且可以保证销售价格便宜，在价格上战胜大头针，从而最终在办公室取代它。当回形针开始构思时，大头针的生产已经自动化，这就意味着回形针的生产也必须自动化，才能产出有竞争力的产品。

但是回形针不可能仅仅基于价格上的优势而取代大头针，这告诉我们发明和创新的核心技术概念以及工程设计师所起的作用。一个新的人工制品要代替现有的产品也许只有明显地超过现有产品才能实现。建立优势的最直接和最成功的方法是指出现有技术的缺点和不足，同时指出新设备克服了旧设备的不足。没有什么是完美的，即使是最传统的和已确立的做事方式都仍有可改进之处。如果一个新的人工制品表现出可以克服一个或是多个老产品无可争议的缺点，那么可能会有一些工艺的继承或者是进化的取代。然而一般说来，确切的事实是长期存在的人工制品人们已经很熟悉了，那也意味着人们已经适应了使用过程中的不便和相关问题。事实上，最初常常只有发明家和工程设计师能够有效地充当技术评论家，他们甚至会把周围的一切东西都看成是有问题的。但是问题一旦清晰可见并经评论家明确指出，那么这些问题很快就会被社会大众也认识到。如果一个新的发明解决了这些问题，那么它将有机会成功。

19世纪末，发明家们发现用于固定纸张的大头针有不少问题。它很难穿过厚的一叠纸张，会在纸张上留下小孔，尖端会刺伤人的指头，会钩住外部的纸张，增加纸堆的厚度等。不难看出，一枚平板回形针在一摞纸张上滑进滑出比去除大头针更好操作，这就消除或者至少是减少了以上提到的大部分缺陷。因此早期的回形针能够在办公室中取代大头针的用途。但是与许多新产品一样，早几代的回形针产品很快就遭到了其他发明家的批判。一般来说，早期的回形针不容易与随后构思的新产品联系起来，它们太容易滑落，也容易缠挂在一起等。

每当一个发明家有了一个"新的或者是改进"的回形针概念时，它的优点会被用来与老产品的不足进行对比并引起争论。过多的回形针专利发布于世纪之交，但是很少的专利申请能够成功进行专利转让而使其中的设计创意能够保存下来。这并不令人意外，因为每一个新的人工制品的出现都会成为批判的对象，尤其是对于发明家，他们总是想象这样或是那样的缺陷（起初他们只有观察）可以被消除，或许只是对回形针某个支脚进行稍微不同的弯曲、翻转或扭曲的调整。然而由于各种原因，并不是每一个发明家都会选择申请回形针的新专利。一些人选择不申请专利是因为专利申请费用太高，另一些人则认为专利制度不是鼓励发明的最好方式，还有一些人认为他们能更好地保持竞争优势在于保守商业秘密，而不是在专利申请中透露新的工艺程序以换来对侵权者进行赔偿起诉的权利。

◎ "宝石"牌回形针

无论何种原因，最成功的回形针设计或等同于回形针的其他设计均从未获得过专利。事实上，后来被称之为"宝石"牌回形针的概念产生于19世纪晚期，这一点可以由康涅狄格州沃特伯里的威廉·麦德布鲁克获得了制作回形针机器（图2.4）的专利看出，该专利图纸清晰地表明机器在制作"宝石"牌回形针过程中存在的价值。麦德布鲁克在1899年取得的专利很偶然地指出了"宝石"牌回形针在历史上的标准，因而曾将"宝石"回形针发明者的荣誉归于一个叫约翰·瓦勒的挪威人并不正确。

事实上，虽然瓦勒和其他一些世纪之交的发明家都有各种关于回形针形状、大小等方面的专利（图2.5、图2.6），但是麦德布鲁克获得的专利是由于制造"宝石"牌回形针的经济性。如果没有像他所设计的机器这样

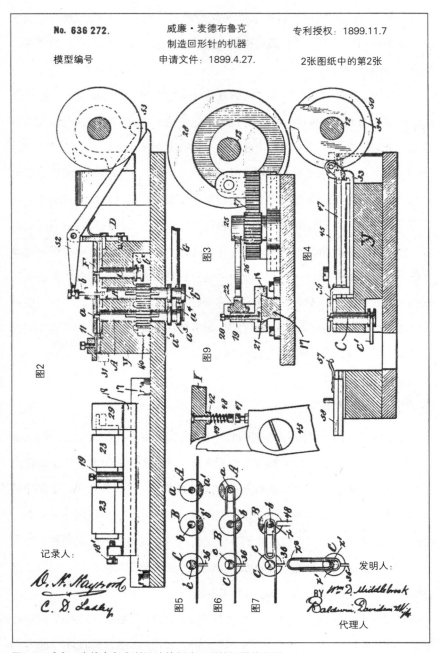

No. 636 272.

模型编号

威廉·麦德布鲁克
制造回形针的机器
申请文件：1899.4.27.

专利授权：1899.11.7

2张图纸中的第2张

记录人：

发明人：

代理人

图2.4　威廉·麦德布鲁克所设计的制造回形针机器的专利

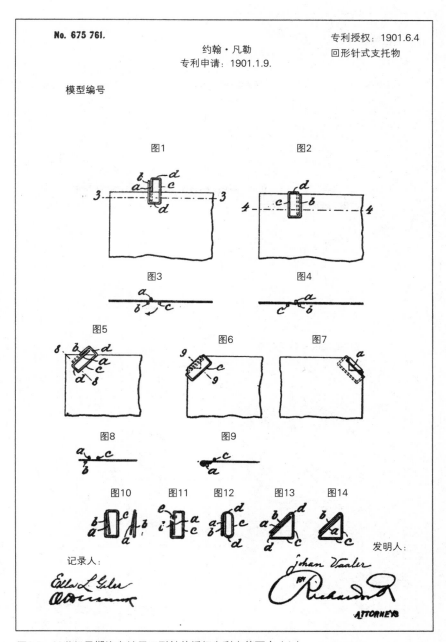

图2.5　20世纪早期许多关于回形针的授权专利中的两个（1）

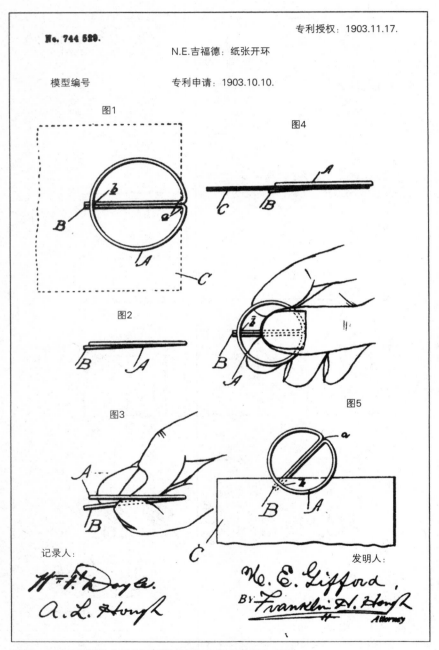

图2.6　20世纪早期许多关于回形针的授权专利中的两个（2）

的帮助，回形针不可能非常有效地与机制大头针进行竞争。麦德布鲁克机器的复杂性明显地反映在其专利图纸上，显然他是经由严格的机械设计工程制图来探究回形针的新形状而不是信手涂鸦。虽然其他许多形式的回形针与"宝石"牌回形针一样，它们并不差于"宝石"牌回形针而且都能别住一叠纸，但具有较大批量生产、制造回形针的能力很可能成就一家公司，也可能使其破产。为何麦德布鲁克会选择"宝石"牌回形针的设计来进行回形针生产需要进一步推敲，但是不容置疑的是这台机器用于了回形针的成型工艺。它的工作原理是围绕一个桩丁进行金属丝的弯折，它非常适合"宝石"牌回形针的设计特征，也是专门为生产"宝石"回形针而设计。简言之，麦德布鲁克的机器和"宝石"牌回形针是天生一对，但是如果没有瓦勒及其同时代的发明家的努力，"宝石"牌回形针又从何而来？

人们普遍认为现今为人熟知的回形针由"宝石"股份公司于19世纪末引入英格兰，它以其制造商的名称来命名。与其他所有形式的回形针相比，它很快就牢牢占据了市场。不断有改进回形针的专利被授权，但是却无法取代"宝石"公司的产品。今天回形针图标被用来标注电脑桌面或者是警告复印机出现卡纸时，似乎总是会用到"宝石"牌回形针的形象。更为新式的回形针，如涂塑金属丝品种，虽然它们的比例似乎从未完全正确，但其造型都与宝石牌回形针相似。最近一个真正由宝石公司改进的回形针在其内圈造型上采用了朝上的开口形式。这使得未打开的回形针能够真正滑套在纸张上，同时不需要使用者用手掰开回形针的圆回圈。但是正如所有的改进一样，这是需要付出代价的。这种新型的回形针并不是扁平的，因而它进一步增加了纸堆的体积。

事实上，这一新的改进并不是所有的设计要素都是全新的创意，至少在纽约哈德逊的乔治·麦吉尔于1903年获得的回形针专利中出现过。回形针的几个版本，如专利图纸所示（图2.7），清楚地显示了麦吉尔也试图采用翻起

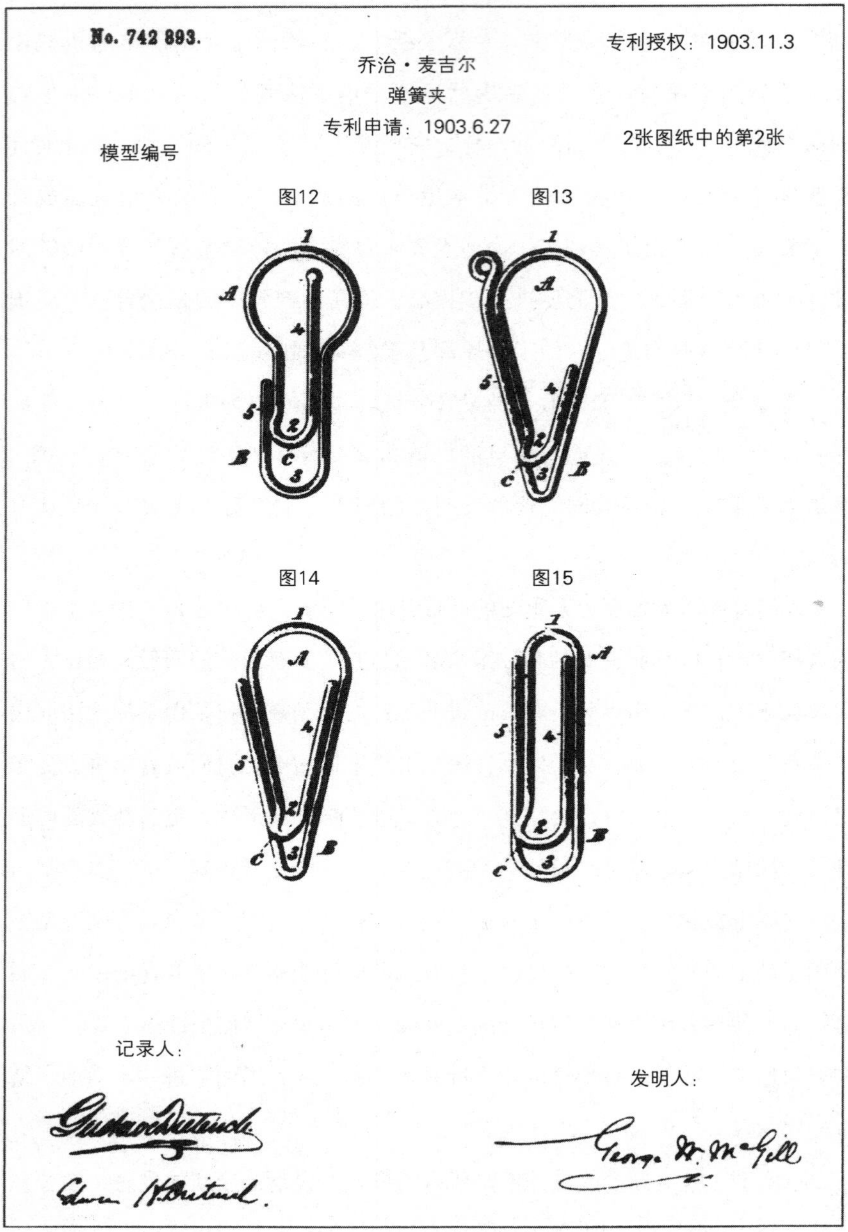

No. 742 893.

乔治·麦吉尔
弹簧夹
专利申请：1903.6.27

专利授权：1903.11.3

2张图纸中的第2张

模型编号

图12

图13

图14

图15

记录人：

发明人：

图2.7　20世纪早期的广口回形针专利

或是加一个眼状物又或是球状物的方式来改进"宝石"牌回形针，而这在移动回形针时容易挂住和划破纸张，为使操作更为方便，于是在内环造型上引入了一个开口的形式。

◎回形针的改进

发明家总是在寻找需要改进的事物，大约在一个世纪的时间里，"宝石"牌回形针总是成为新的或者是改进的回形针主要批判的对象。例如，对"宝石"牌回形针最明确的一次挑战是1934年授权的专利，该产品后来成为了"哥特式"回形针（图2.8），因为它尖锐的圆形回环更像哥特式建筑而不像"宝石"回形针的圆形罗马式建筑。亨利·兰克若的"完美宝石"的专利申请也将便于使用作为一项发明优势列入专利申请书中。更重要的是，哥特式回形针拥有的更长"边腿"几乎延伸到方形的底部，因此能够尽量避免它的尖头勾住和划破纸张。因为有划破纸张或者页面的危险，于是通常采用更粗的金属丝来制作回形针以产生更大的抓力。虽然哥特式回形针价格更贵，但它以独特的优势深受诸如图书管理员等用户的喜爱。

还有其他的一些方法对回形针进行改进，而其中最常见的方法就是尝试节约原材料，尝试设计和制造通用的部件。用于制造回形针的机器投资完成之后，金属丝就成为决定成本的唯一可控要素进而左右价格。因为发明、设计、工程以及制造总是受制于自然法则，只有通过减少优质金属丝的使用才能大量节约原材料成本。必须为制造回形针选择符合弹性要求的金属丝，用过于刚性或者过于柔软的金属丝制作回形针都等同于违背了胡克定律。然而，从材料上进行节约还可以考虑其他的办法，就是用于制造每一个回形针的金属丝数量的多少。从用来制造回形针的每一段金属丝缩短10%开始，如此具有竞争力的使用并经过改造的"宝石"牌回形针必然能够在办公用品目录中形成自身的优势，特别是如果能在每盒回形针上节约几便士，这比指望供应商经理订下数以百万盒的订单更为重要。

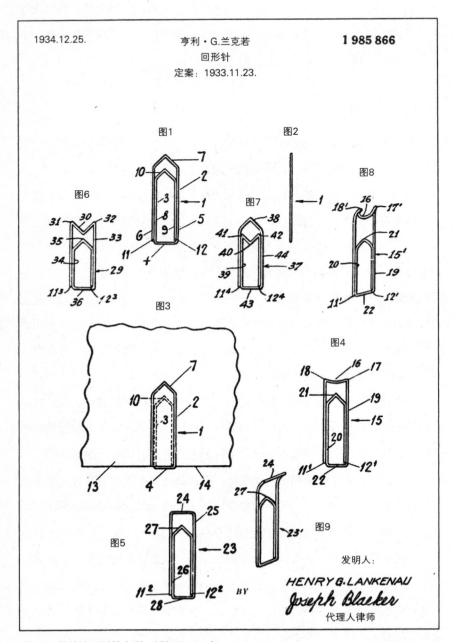

图2.8　哥特式回形针专利，授权于1934年

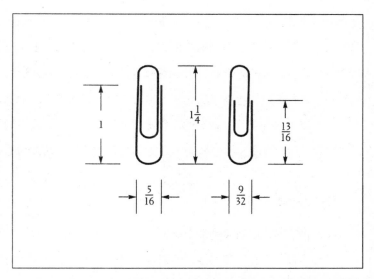

图2.9 经典的"宝石"牌回形针（左）的尺寸（单位:英寸）和最近的模仿品

　　经典的"宝石"牌回形针具有确定的比例（图2.9），这主要体现在内外圆环圈的间距以及金属丝终止端"边腿"的长度。内圆环圈越长就会使其越接近外圆环圈，也就离标准的宝石牌回形针越远，不过发明家们普遍认为回形针的内圆环圈和"边腿"越长其夹住纸张的能力也越好。如同工程设计中的许多问题，无论选择何种比例，都存在一个权衡问题，最好的解决方式是找到便捷使用方式和夹持功能的平衡点。如果设计师还想在美观悦目方面选择合适的比例，那么折中的解决方案可能会更复杂。

　　麦德布鲁克在1899年为其制作回形针的机器专利中阐释了"宝石"牌回形针的比例。这一比例恰到好处，造就了一枚各方面都很成功的回形针。与所有人工制品一样，"宝石"牌回形针也有其自身的缺陷，但在一个世纪的演变中其比例关系一直保持不变。当老公司想制作更便宜的"宝石"牌回形针或者新的公司想进入这个市场，最容易想到的策略乃是缩短每一枚回形针所需要的金属丝长度，这就有必要对如何改造"宝石"牌回形针的传统线形进行判断。成比例缩小回形针是一种解决方式，但是会影响到回形针整体的长度和大小，同时也会使回形针看上去不太像标准的"宝石"牌回形针。还有其他的办法，减少金属丝的长度使回形针的内外圆环圈相距更远或缩短末端的"边腿"；或者采用更细的金属丝；或者综合采用以上所有的方法从而制成一枚非常便宜的回形针。很多新兴的类似"宝石"牌回形针的制造商往往采用综合性的节约成本方法而使得出售的回形针在外观、触觉以及使用方式上都与传统的"宝石"牌回形针有所不同。当然，这些改变同样也带来了诸如减弱了持夹力度、更容易变形、更容易划破纸张等功能问题。

◎变化与竞争

最近我从办公用品储藏柜中拿出一盒"宝石一号回形针"，在盒子的封面上印有几枚"宝石"牌回形针的图片。所印回形针都具有经典的比例，内外圆回环相距较近（但又不是太近）以及长而直的"边腿"。然而，若将盒子里面的回形针与放在画面所印回形针进行比较，很容易看出，盒子里面的回形针与画面显示的有明显不同。盒中的回形针用较少的金属丝成型，有比较宽的内外圆回环间距以及更短的"边腿"。显然这一设计并没有良好的比例。进一步仔细观察盒子，发现该回形针是来自一个新兴的工业化国家，它们很有可能是由一台翻新的旧机器所生产，同时这台旧机器与麦德布鲁克所设计的机器没有太多相同之处，在成型为回形针之前，已经进行了剪短金属丝的调整，从而使它近似于但又不是经典比例的回形针。

这盒回形针除了比例性较差以外，令人非常吃惊的是回形针之间缺乏统一性，这完全违背了大批量生产的传统观念。虽然盒子的侧面写着"品质精良、光洁亮丽、造型流畅"，但是盒子里面的回形针却表明它们是亮光与亚光、光滑与粗糙的回形针相混合，最引人注目的是这一系列的回形针看起来像是手工制作而成，其中还混杂着一些十分畸形的回形针，完全就不能称之为回形针（在一个盒子中，我甚至找到一枚大头针，这让我回忆起回形针的起源以及两者制造工艺的相似性）。这盒回形针几乎都无法平放，很多都弯曲过度，看上去如同重复使用过一样。显然，制造商并没有试图控制最终质量。盒子里几乎没有回形针能够水平放置或是具有紧靠在一起的边腿，因此它们往往会缠绕在一起，很难选出一枚回形针而不牵动其他回形针。这一问题在最早的有关回形针的专利中就有过描述，在一个世纪以前这样的缺陷都已经被考虑到，很多新的回形针设计都宣称其优势在于使盒子中的回形针不会相互联结。一旦指出其中的缺陷，我们就很容易看到储藏柜中"新的、改进后的"回形针实际上比已建立起品牌的旧产品更加低劣。那么如何才能结束储藏柜中"新品牌回形针"的继续蔓延？制造商为什么会甘冒风险生产比已有标准低劣的产品？

一本名为《成功的产品设计》的书中提出了一些见解。该书的作者是一家制造企业的前任设计总监以及主讲技术管理的教师，这本书概括了"总体设计"的概念，即设计和生产中的技术问题是靠经济与市场的因素来加以平衡。作者就这个问题设计了一个演示系统，他给出了一家名为"欧米茄金属线材"的虚拟英国公司的详细案例研究，该大型公司长期提供汽车工业用的弹簧和线夹，生意十分兴隆。然而随着这个行业的低迷，欧米茄公司希望扩大生产线以进入新的产品市场。公司董事会令设计经理牵头组建由市场研究人员、生产人员、销售人员以及设计部门人员构成的团队以探讨依托公司现有的资源在金属线材领域能够开发出什么新产品。投入多少资金用于购买新设备以及能够得到多少预期的投资回报，这些很自然地成为研究团队的指导原则，否则研究团队必将失去其目标而变得无所约束。

在两周之内，研究团队认定金属回形针是一个可行的新产品。数据显示，最近几年回形针价格的增长速度是金属丝的三倍，这一数据在某种程度上证明了该决定的正确性；产品的市场需求上升迅速，同时消费者并不忠实于任何一个特定的品牌。根据研究组的分析，如果欧米茄公司生产一枚回形针的成本是1/3便士，那么预期可占领10%的国内市场，而据估计市场每年的需求量为5亿枚。此外，如果价格能够更进一步降低到1/4便士，那么欧米茄公司在国内的销售量预计将达到8 000万枚回形针，同时每年还会有2 000万枚回形针的出口量。所有这些主要的预期成本均包含物流费用。

欧米茄金属线材公司决定进入回形针制造业,并要求公司的设计师和工程师集中全力改进"宝石"牌回形针的造型和制造工艺。因为标准尺寸的"宝石"牌回形针占有了90%的市场,它的整体尺寸被认为是固定的。然而如果回形针的小腿可以缩短一点,制造每枚回形针就会有多达至少10%的金属丝节余,这将降低原材料成本,而原材料成本决定着半数的制造成本。其结果也将得到更轻的回形针从而降低运输费用。一个检测工程师做了测试,缩短了"边腿"的回形针仅仅只降低了回形针2%的弹性和持夹能力,这一测试结果支持了缩短回形针"边腿"的决定。

最后,几乎没有增加额外的制造成本,回形针的内圆环圈轻微地翘出其所在平面,这一极具竞争力的特征最近开始出现于最具竞争力的英国回形针上,从而复兴了发明家麦吉尔几乎在一个世纪前就提出的该项特征(图2.7)。在一年的问题研究中,欧米茄金属线材公司制造着改进后的"宝石"牌回形针并预期在18个月内收回成本。这就是经济学上所说的在项目中点滴的节约即便不会带来数十亿,也会带来上亿的潜在全球销量。

远东地区的新型回形针制造商最近或许也发现我们的文具目录和储物柜都明显的跟随欧米茄金属线材公司的整体设计发生着变化,因此进口的回形针也体现了一些类似降低成本的特征,这比国内传统设计更具优势。出于利益的考虑,那些老的制造商理所当然并不希望失去太多固有成熟的市场,不情愿与新制造商共享产品在货架上的位置。他们以批判的眼光看待传统设计的产品并改进他们自身产品的使用能力,同时引导回形针消费者欣赏美感、持夹能力以及质量的优势,同时还卖得更为昂贵。工程师经常扮演发明家和设计师的角色,在该产品是作为回形针还是作为计算机机芯的实际问题中扮演着核心角色。事实上,工程师往往是现有技术最严厉的批评者,这也是随着时间的推移,事物不断进化的根本动因。然而奇怪的是,工程师发现缺陷并认为需要改进的地方,其他的人往往会觉得完美无缺。

◎形式和功能

产品设计师通常都将"宝石"牌回形针看作现代人工制品的一个缩影。一位设计评论家赞扬其为一个雅致的设计解决方案，并写道：

如果我们存在致命缺陷的文明幸存下来的是一枚毫不起眼的回形针，那么来自远古星系的考古学家给予我们的荣誉将比我们应得的更多。在我们大量材料创新的条目中，并没有更完美的构思对象存在。当看到一个中东的银行出纳员用大头针别住一叠票据（这一动作可以追溯到罗马时代早期）就能够理解到回形针是多么奇异的恩典。

◎设计更好的回形针

办公室的上班一族所流行的消遣方式就是用回形针的金属丝来胡乱摆弄出各种稀奇古怪的造型，这些造型有时显得怪诞而具新意。

试着用手解构一枚"宝石"牌回形针，然后设计一枚新的回形针。你的设计对"宝石"牌回形针有所改进吗？它是否少了很多所必需的品质，如减少了持夹力量？发明家常常宣称由他们所改进设计的回形针具有比原有产品更好的夹持力量。你如何能确定在具有可比性的客观条件下哪一枚回形针的夹持力量更大？

同时一个建筑批评家也惊叹于"平凡事物背后的伟大设计"，显然是在头脑中边思考优美的"宝石"牌回形针边写道：

能有比回形针更好的物品来做夹纸这件事情吗？普通的回形针轻便、廉价、坚固、易用而且很美观。它拥有一条简洁的线条并充分体现了纯粹的精神。没有人能够真正改进回形针，无数次的尝试都仅仅是强调了现有回形针的品质，如果勉强地改进，也只不过是采用更大的各种彩色塑料夹或者是将回形针的圆形端面改为方形等。

这些摘录正是那些更关注回形针外形而非功能的人们对"宝石"牌回形针大加称赞的范例。在其原来的文脉中，这些引述出来的文字都配有绘制了一个或多个"宝石"牌回形针的插图，但是几乎都没有别住纸张的使用状态的形象。虽然"宝石"牌回形针以其合适的角度拍摄成照片看上去确实是一件极具有吸引力的优雅物品，但是当它在夹住一叠纸张的应用中，看上去就没有这么优雅的外观了。"精妙的一个圆环圈套着一个圆环圈的设计"被它夹住的纸张破坏掉这一整体形象，"宝石"牌回形针看起来非常不完整和不整齐，它的直边"边腿"末端也没能按目标延伸到圆环圈并消失于纸张后面。当被用来夹很多纸张时，"宝石"牌回形显得尤其的笨拙、扭曲和变形。

工程设计师和发明家绝不满足于停留在物品的抽象概念上。虽然他们并不反对设计一个外观上具有吸引力的物品，但是这并不仅仅是优雅和美丽的唯一标准，如果只是这个标准那么就会流于表面而显得肤浅。物品的功能如何经常作为工程设计师任务的起点，很难想象一个功能上有缺失的物品会被评价为美丽和完善。以工程设计师的观点来看，完美的回形针仍然有尚未解决的问题，不断涌现的新的、改进过的回形针专利正好说明了这一点。即使是宝石牌回形针问世接近一百周年时，仍有在"宝石"牌回形针和其他回形针基础上改进的专利在持续不断地申请，并逐渐增多。

许多最近的发明家在反思如何"完善"回形针时，发现或者再次发现了有关"宝石"牌回形针不完美的因素并将其应用于改进回形针的工作中，主要有以下几点：

1.它只支持一种方式。用户在使用回形针时有50%的概率需要调整其方向。

2.它并不总是通过滑套的方式夹住纸张。用户总是需要首先掰开内外圆环圈。

3.它并不是总保持在夹持位置不动。回形针会摆脱纸张或者其他物品的阻碍而滑落。

4.它会划破纸张。当回形针再次移动时其锋利的末端小腿会刺入纸张从而划破纸张。

5.它并不能很好地夹住大量的纸张。当纸张过厚时，回形针要么剧烈扭曲变形，要么飞弹出所要夹持的纸张。

6.它使所夹持的一叠纸增厚。大量的卷宗空间被回形针所占据。

当一个新设计解决了其中的一个问题时，它却不能够解决其他问题或者是增加了一个新问题。这也正是工程与发明充满挑战性所在。所有的设计都包含着相互冲突的设计目标而需要折中的处理方法，最优秀的设计总是想出了最优的折中方案。找到一个弯折金属丝成型的方法来满足每一个回形针的功能目标不是一项容易的任务，但是这也并不意味着人们不会尝试着去做。

◎一项回形针专利的典型案例

在过去的一百年里有几百项致力于关于弯折回形针方法的专利被授权，每一个专利都证明着发明家有找到现有回形针设计缺陷的能力，这些专利都是以"宝石"牌回形针作为参照对象。近年来的回形针专利表明了改进回形针这项任务依然极具挑战性。

发布于1990年8月21日，专利号为4949435的美国专利授权给了加里·K.迈克尔逊，加里·K.迈克尔逊是一位来自加利福尼亚州威尼斯的外科医生兼医疗设备发明家。扉页一直沿用20世纪70年代以来的格式，在那个年代美国专利和商标法律也进行了修订（图2.10）。这种新格式在第一眼看到它时就能获得相关的信息，其中包括：专利号、专利名称、发明人姓名、专利备案时间，这个时间是一年中专利被授予前具有代表性的时刻，按照传统专利正式发布的时间将是周二的中午。在大多数国家，专利会授予给第一个去提出申请的人。而在美国，法律规定专利授权给第一个提出想法的人，这也是为什么无论是企业或是个人发明家都小心翼翼地仔细保存能够在时间上证明他们想法、实验与探索的笔记本原件。在封面上也列出专利局官方相关信息，如专利级别、领域、该领域的所谓现有技术或者是已经存在的相关技术，以及专利审查员对该新奇改进的评语。无论是美国或是其他国家，作为与专利

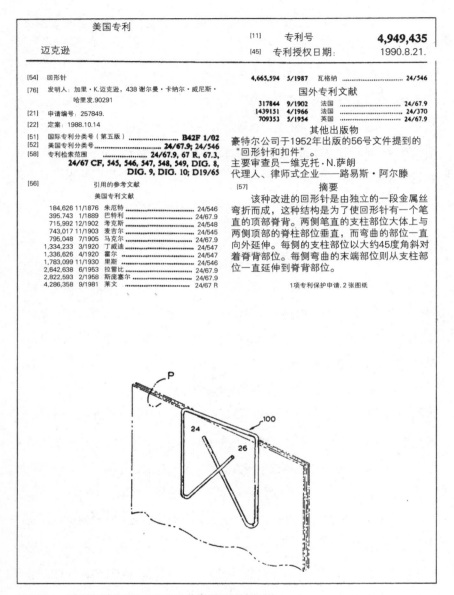

美国专利		[11] 专利号	**4,949,435**
迈克逊		[45] 专利授权日期：	1990.8.21.

[54] 回形针

[76] 发明人：加里·K.迈克逊，438谢尔曼·卡纳尔·威尼斯·哈里发.90291

[21] 申请编号：257849.

[22] 定案：1988.10.14

[51] 国际专利分类号（第五版）.............. B42F 1/02

[52] 美国专利分类号............. 24/67.9; 24/546

[58] 专利检索范围.............. 24/67.9, 67 R, 67.3, 24/67 CF, 545, 546, 547, 548, 549, DIG. 8, DIG. 9, DIG. 10; D19/65

[56]   引用的参考文献
             美国专利文献

184,626	11/1876	朱尼特	24/546
395.743	1/1889	巴特利	24/67.9
715,992	12/1902	考克尔	24/548
743,017	11/1903	麦吉尔	24/545
795,048	7/1905	马克尔	24/67.9
1,334,233	3/1920	丁威迪	24/547
1,336,626	4/1920	霍尔	24/547
1,783,099	11/1930	里斯	24/546
2,642,638	6/1953	拉雷比	24/67.9
2,822,593	2/1958	斯庞塞尔	24/67.9
4,286,358	9/1981	莱文	24/67 R

4,665,594	5/1987	瓦格纳	24/546

国外专利文献

317844	9/1902	法国	24/67.9
1439151	4/1966	法国	24/370
709353	5/1954	英国	24/67.9

其他出版物

豪特尔公司于1952年出版的56号文件提到的"回形针和扣件"。

主要审查员—维克托·N.萨朗

代理人、律师式企业——路易斯·阿尔滕

[57]   摘要

该种改进的回形针是由独立的一段金属丝弯折而成，这种结构是为了使回形针有一个笔直的顶部脊背。两侧笔直的支柱部位大体上与两侧顶部的脊柱部位垂直，而弯曲的部位一直向外延伸。每侧的支柱部位以大约45度角斜对着脊背部位。每侧弯曲的末端部位则从支柱部位一直延伸到脊背部位。

1项专利保护申请，2张图纸

图2.10　一个授权给加里·K.迈克逊的新型回形针专利

相关或无关的专利文件都会被罗列在专利书封面上，同时也罗列专利审查员的名字（阿尔伯特·爱因斯坦在瑞士就做过这样的工作，而他也是在那时发表了相对论）和发明人聘请的专利代理律师、代理人或机构的名称。最后还有一个简要描述专利的概要，相关申明（出现在专利最后一页，精确地描述出发明家已经获得授权的相关专利），相关图纸（展示出原有技术以及专利主体相关的各种视图）。

制图是专利非常重要的组成部分，直到绘制出让专利局可以接受的技术图纸以前，专利申请将会被一直搁置。以迈克逊回形针专利申请为例，一张张图纸紧随在封面之后，在专利文本中用各种相关参考部件，在两页图纸中从不同的视角展示了回形针。封面上出现的图纸同样也出现在内页中。虽然在传达专利概念方面专业图纸非常重要，但是这些图纸并不总是依据严密的工程制图规范，因此仅仅依据专利图纸很难理解设计。

专利文件的文本部分以发明的动机为背景开始撰写，迈克逊的专利在开篇就直接明确地批判了原有技术。尽管在语言上有些过激，然而这在专利申请中已成惯例，毫无疑问他是在批评"宝石"牌回形针：

回形针作为消耗品要么用来临时夹住纸张，要么用来将索引标记附加到纸张上。

普通回形针的使用带来了一些问题。在使用中，回形针的内外圆环圈必须精确操控并可以手工掰开，这样才能把纸张放入内外圆环圈。普通的回形针不适合用于别住太厚的一叠纸张，一旦使用就会发生塑性变形，在这个过程中，如果用户没有进行精心而又正确的修复，它将不能重新使用。而且应用于较厚的一叠纸张时，普通回形针的内外圆环圈在长轴扭矩的作用下不会服帖地贴在纸面并在纸张的两面同时飞起。这也会导致尖锐的小腿端部刺入纸张而造成损害。更多的损害通常在卸下回形针时发生，回形针的拖动甚至会更深地划伤文件。

另外，因为回形针的内外圆环圈已经被分开，普通回形针就产生了射出所夹文件的强劲趋势，这些飞出的回形针可能会打在眼睛上，从而对使用者带来实质性的伤害。

迈克逊在其专利中进一步批评"宝石"牌回形针在作为索引标记使用时

的缺陷来继续他的叙述，比如：可能在一本书中标记某一页。他的专利文件接着描述新的改进了的回形针，特别明确逐点阐明了他的回形针是什么样子，详细列举了以下条目：性能、重复利用性、使用方便性、平直性、易于去除性、索引标记功能、安全性、经济性以及延展性等，"尽管看上去相对简单，但技术的进步使得其优于原有技术"。

专利在形式上都显得冗余，迈克逊的专利也不例外。继续陈述专利对象，在本质上是对回形针优点描述的重复。分别简要和详细描述后续的制图，同时参考与用于装配的各部分相联系的小部件的设计说明。最后专利完结，就像每项专利一样，用一句精心编制的合法长句填充整个段落，一般以短语"申明如下"开头。最后的一节用来最终强调专利的审查，因为这是专利人能不能获得索赔或者他们的发明能否得到保护的凭据。如果申请人的每项专利权均未能获得批准，则专利将不会被授权。

一条200字的迈克逊专利申明是这么开始的：

申明如下：

回形针由一根金属丝弯折而成，拥有顶部的直梁部分，两边的支柱弯折后正好对着顶部直梁的直角，两个支柱的弯折部分正好与直边成四十五度夹角……

◎一些更多的回形针专利

另一个新型回形针是由加州卡迈克尔的查尔斯·T.林克发明的。1991年11月12日，他的"无限细丝回形针"获得了编号为5063640的美国专利（图2.11）林克主要关注像"宝石"牌回形针那样的普通回形针的非对称性。当我们从盒子里面拿出一枚宝石牌回形针时，在夹住一叠纸之前应首先确定是否已经将其转换为正确的方向。这一缺陷被"无限细丝回形针"回形针所解决，它能够从任何一个端面使用。然而这里不用探究林克专利的细节，看看林克的发明过程将会非常具有启发意义。当他被问及如何开始他的回形针发明时，林克在一封信中写下了发明的三个方面：

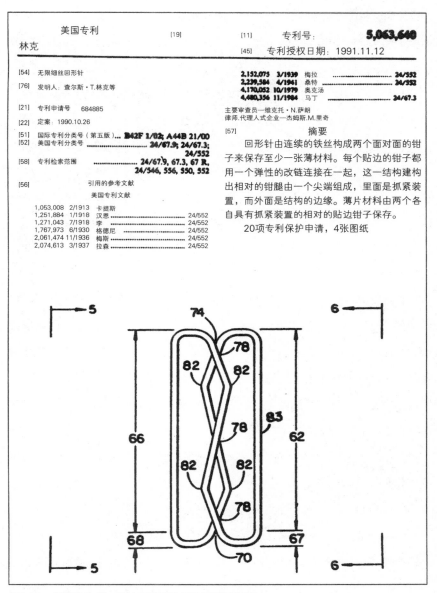

| 美国专利 | [19] | | [11] | 专利号： | 5,063,640 |
| 林克 | | | [45] | 专利授权日期：1991.11.12 | |

[54]　无限细丝回形针

[76]　发明人：查尔斯·T.林克等

[21]　专利申请号　684885

[22]　定案：1990.10.26

[51]　国际专利分类号（第五版）...**B42F 1/02; A44B 21/00**

[52]　美国专利分类号 **24/67.9; 24/67.3;**

24/552

[58]　专利检索范围 ....**24/67.9, 67.3, 67 R,**

24/546, 556, 550, 552

[56]　　　　　　引用的参考文献

　　　　　　　美国专利文献

1,053,008	2/1913	卡提斯	
1,251,884	1/1918	汉恩	24/552
1,271,043	7/1918	李	24/552
1,767,973	6/1930	格德尼	24/552
2,061,474	11/1936	梅斯	24/552
2,074,613	3/1937	拉森	24/552

2,152,075	3/1939	梅拉	24/552
2,239,584	4/1941	桑特	24/552
4,170,052	10/1979	奥克汤	
4,480,356	11/1984	马丁	24/67.3

主要审查员—维克托·N.萨朗

律师,代理人式企业—杰姆斯.M.里奇

[57]　　　　　　摘要

　　回形针由连续的铁丝构成两个面对面的钳子来保存至少一张薄材料。每个贴边的钳子都用一个弹性的改链连接在一起，这一结构建构出相对的钳腿由一个尖端组成，里面是抓紧装置，而外面是结构的边缘。薄片材料由两个各自具有抓紧装置的相对的贴边钳子保存。

　　20项专利保护申请，4张图纸

图2.11　授予查尔斯·T.林克的无限细丝回形针专利

　　1.为什么我要发明回形针？多年来我总是相信人们会希望在回形针上面做一些改进，在与其他人的交流中证实了我的想法，这些改进包括：回形针能够保证两头都能以相同的方式别入纸张，并且能够避免擦伤和划破纸张。我使用回形针的次数越多，越是相信这些改进有必要进行，在改进方面的努力能够获得丰厚的经济回报。

2.为什么我相信自己能够发明该回形针？我最初的精力用来完成一幅所希望的概念草图，坦白地说由于种种原因该草图降低了我的热情。然而经过数天的草图绘制和思考后，模糊的概念开始越来越清晰，自己也逐渐变得自信起来，相信自己能够创造一个令人满意的新型回形针造型并有希望作出相关改进。

3.我如何进行发明？第三阶段由于不仅仅是草图的绘制和工程图纸的制作阶段，也包括很多各种回形针修改结构的实验以及各种成型方式的尝试，所以第三阶段持续了更长的时间。在这一阶段还花费了大量的时间和精力与我的专利律师进行沟通协调以便我们能够得到最好的结构、制图及专利保护。

然而获得一个专利并不能结束发明家的探索，林克同时指出了制作回形针的困难在于找到一家金属丝制造公司，发明出一种特殊的金属丝成型机器。与此同时，林克借助一种特种弯折工具手工制作了回形针样件。该回形针非常美观并方便使用，但是它是否能在文具店中销售却取决于如何成功地制造和销售，而制造和销售是制造商和投资者应该考虑的问题，林克深思熟虑后写下了他的设计经验：

回想起来，在整个设计过程中回形针视觉形象的设计问题与原始功能问题一样充满着艰难与困惑，原因有二：其一，制造该回形针需要精密的成型设备；其二，该回形针造型的视觉形象需要符合正在使用"宝石"牌回形针的亿万用户的审美要求。此外，视觉形象敏感且易逝，一个优秀的视觉形象设计引入之后常常会随着时间的流逝而失去其吸引力。另外，不断改变视觉形象设计或许能够获得长期的吸引力。幸运的是，回形针的整个视觉和功能设计最后达到了协调统一并能长期保持相对稳定。

另一个当代发明家，加利福尼亚米德皮内斯的比利·E.斯特朗也解决了"宝石"牌回形针应用方面的两个缺陷。美国专利局于1992年12月15

日，因为其发明的"节约时间的回形针"授予斯特朗编号为5170535的专利（图2.12）。以发明新事物为出发点，斯特朗强烈地批评了"宝石"牌回形针，具体内容如下：

回顾回形针的标准形式，给人的印象是回形针只能有一端可用来将一叠纸别在一起。因此，当一个工作人员需要将一叠纸别在一起而移动回形针时，他必须首先确定其选择了正确的端面并作相应的调整。这大大增加了将一叠纸张别在一起的时间和精力，因此就有必要继续对回形针进行新的改进，以使调整和使用回形针这一简单的办公功能更简便。

与几乎所有的发明家一样，斯特朗想要满足这种"需求"，这种需求不容易被一般的公司白领所察觉，通过提供具有现有技术的所有优点而没有缺点的新改进的回形针满足了这一需求。新的回形针更增加了一个优点，它在夹住文件纸张的同时还能夹住标签，这大大有助于文件归档工作。

还有一个发明家名叫苏西·涌·希泽尔，她发现大的塑料回形针具有不能夹住一大叠厚的纸张的缺陷，于是改进发明了"垂直镶板回形针"，并于1991年4月30日获得了编号为5010629的美国专利（图2.13）。根据该发明家细分市场的想法，她将自己的产品命名为苏西·涌（或者简化为苏西），当她想把厚的包装材料夹在一起时，商店中更大的塑料回形针"非常脆弱且易滑落"。金属蝴蝶夹是一个标准的替代选择，但是她在使用金属蝴蝶夹时有过几次被夹痛和割痛的糟糕经历，所以她总是避免使用这类夹子。因此她开始着手设计一款新的回形针，该回形针不仅能夹住一堆堆各式各样的纸张，同时还能让它们层次分明。塑料回形针的开发经历了很多的阶段来才找到了具有合适弹性和硬度的注塑模具，现在苏西·涌·希泽尔已经完善了该回形针，她正为市场提供着各种色彩和尺寸的分层回形针。她同时还拥有其他几项专利，包括板栗切刀、卷发制作设备以及锄草铲等，她利用分层回形针的市场信息渠道来销售她所有的产品。

最近的一个回形针专利（图2.14）在其实际应用九年后才第一次申请专

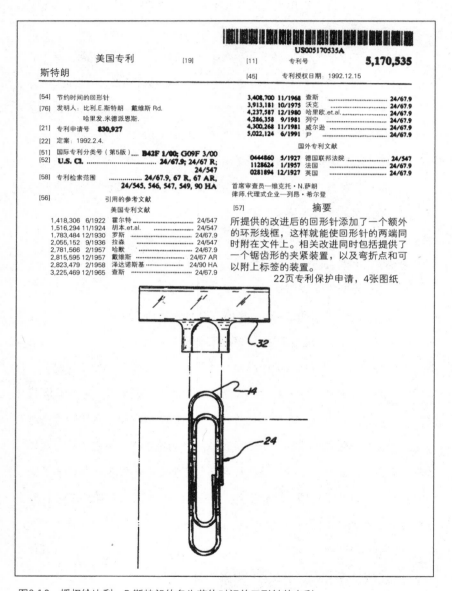

美国专利 [19]

斯特朗

[11] 专利号 **5,170,535**

[45] 专利授权日期: 1992.12.15

US005170535A

[54] 节约时间的回形针

[76] 发明人: 比利.E.斯特朗 戴维斯 Rd.
哈里发.米德派恩斯.

[21] 专利申请号 **830,927**

[22] 定案: 1992.2.4.

[51] 国际专利分类号（第5版）B42F 1/00; G09F 3/00

[52] U.S. Cl. .... 24/67.9; 24/67 R;
24/547

[58] 专利检索范围 .... 24/67.9, 67 R, 67 AR,
24/545, 546, 547, 549, 90 HA

[56] 引用的参考文献

美国专利文献

1,418,306	6/1922	霍尔特	.... 24/547
1,516,294	11/1924	胡本.et.al.	.... 24/547
1,783,484	12/1930	罗默	.... 24/67.9
2,055,152	9/1936	拉森	.... 24/547
2,781,566	2/1957	哈默	.... 24/67.9
2,815,595	12/1957	戴维斯	.... 24/67 AR
2,823,479	2/1958	泽达诺斯基	.... 24/90 HA
3,225,469	12/1965	查斯	.... 24/67.9
3,408,700	11/1968	查斯	.... 24/67.9
3,913,181	10/1975	沃克	.... 24/67.9
4,237,587	12/1980	哈里欧.et.al.	.... 24/67.9
4,286,358	9/1981	列宁	.... 24/67.9
4,300,268	11/1981	威尔逊	.... 24/67.9
5,022,124	6/1991	尹	.... 24/67.9

国外专利文献

0444860	5/1927	德国联邦法院	.... 24/547
1128624	1/1957	法国	.... 24/67.9
0281894	12/1927	英国	.... 24/67.9

首席审查员—维克托·N.萨朗
律师.代理式企业—列昂·希尔登

[57] 摘要

所提供的改进后的回形针添加了一个额外的环形线框，这样就能使回形针的两端同时附在文件上。相关改进同时包括提供了一个锯齿形的夹紧装置，以及弯折点和可以附上标签的装置。

22页专利保护申请，4张图纸

图2.12　授权给比利·E.斯特朗的名为节约时间的回形针的专利

美国专利	[19]	[11]	专利号:	**5,010,629**

希泽尔   [45] 专利授权日期: 1991.4.30.

[54] 垂直镶板回形针

[76] 发明人: 苏西·涌·希泽尔
        哈里发·萨克拉曼多

[21] 专利申请号: **457,948**

[22] 定案: 1999.12.27

[51] 国际专利分类号（第5版） **B42F 1/02**

[52] U.S. Cl. **24/67.9; 24/547;**
                             24/67 R

[58] 专利检索范围 .... **24/67.9, 67 R, 67.3,**
    24/67.11, 3 J, 545, 546, 547, 549

[56] 引用的参考文献

美国专利文献

1,809,689	6/1931	格拉夫	24/549
1,972,434	9/1934	埃尔克	24/3J
2,184,569	12/1939	斯图尔特	24/67.9
2,768,416	10/1956	MC·马伦	24/547
2,910,749	11/1959	帕克	24/67.9
2,938,252	5/1960	帕克	24/547
3,168,954	2/1965	冯赫尔曼	24/67 R
3,914,824	10/1975	珀迪	24/67.9
4,332,060	6/1982	萨托	24/67.9

国外专利文献

568,514	6/1958	比利时	24/67.9
978,127	4/1951	法国	24/67.9

首席审查员—维克托.N.萨姆

[57]   摘要

改进后的回形针拥有一个燕尾能够让用户安全地夹住一叠厚的纸张而不会起皱式抽筋。改进后回形针拥有一个较低的燕尾平面。较低的燕尾形平面比上部的压紧装置大一些。较低的压紧装置是一种很平很直的状态。但是较高的压紧装置的前端与较低的压紧装置一样，而后端与燕尾装置的顶部一样。这种回形针后部有支撑部分。方便手指的按压操作。

回形针的形状，前端大体上是圆形，而在后端的操作部分，大体上是直的。上层夹紧装置上配有一个小型的夹紧装置，它能夹紧另一层纸式是其他的类似物品。

该回形针手用塑料注塑成型，以及金属板冲压成型，或是用单一金属丝成型。

5项专利保护申请，2张图纸

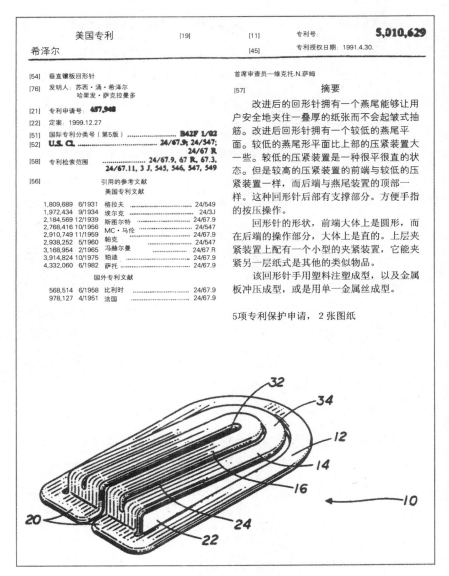

图2.13 授权给苏西·涌·希泽尔的名为大容量塑料回形针的专利

利，并于1994年7月19日授权给琳达·弗勒利希和李察·弗勒利希，他们自己经营着在匹兹堡附近的"Ace Wire Spring and Form"公司。弗勒利希所获得专利的回形针同样是用来解决夹住大叠纸张的问题，因此他们开始制造的回形针大小是"宝石一号"标准回形针的三倍。乍一看，这个更大的回形针像是放大了的"宝石"牌回形针，这也许正是弗勒利希一直不将他们的回形针送到专利局会员会去申请专利的原因。事实上，这款新型回形针不仅仅是比宝石牌回形针更大，而且也比"宝石"牌标准回形针的"边腿"更长。虽然乔治·麦吉尔1903的专利也包含了这些特征，但是弗勒利希用于制造回形针的金属丝明显与乔治·麦吉尔的回形针材料不一样。大多数的回形针都是用标准钢丝制作，但这种新型回形针专利采用了更高质量的弹簧钢丝来制造回形针，它能使回形针稳稳夹住更多纸张，同时纸张取出后又能回到其最初的形态。

质量更好的金属丝显然会使得新型回形针的制造成本更高，从而使得价格也更昂贵，但是它相对于现有大型塑料夹的优势有助于克服制造成本过高这一缺点。专利图纸（图2.15）展示为何拥有较长的小腿不会刺入纸张而标准的回形针却会，弗勒利希相信四英寸长的回形针会在其他很多方面具有优势。按照琳达·弗勒利希的想法，蝴蝶夹（也称为理想回形针）也不能与之相比，活页夹（近似方形的黑色夹子依靠折进去的臂来打开）也太过庞大，而她的回形针更容易进行夹持。

这些例子仅仅是近年来众多获得批准的有关回形针的部分专利。同时有关回形针的新想法也在不断呈现，因为没有任何一个单一的设计能够满足所有相互矛盾的目标，而工程设计师、发明家以及用户早就认识到这些目标并将其作为设计需求。

美国专利 [19]

弗勒利希等

US005329672A

[11] 专利号： **5,329,672**

[45] 专利授权日期：1994.7.19

[54] 金属丝回形针结构

[76] 发明人：琳达·A.弗勒利希 李察·D.弗勒利希等.

[21] 专利申请号 604,970

[22] 定案：1990.10.29.

相关美国申请数据

[63] 该专利是1985年8月12日被放弃的。第764566号专利的延续；同时也是1987年5月4日第45452号专利的延续

[51] 国际专利分类号（第五版）................. **B42F 1/04**
[52] 美国专利分类号 24/67.9
[58] 专利检索范围 24/67.9, 546, 545, 547

[56] **引用的参考文献**
美国专利文献

742,892	11/1903	麦吉尔	24/547
742,893	11/1903	麦吉尔	24/547 X
2,269,649	1/1942	康莉	24/547
4,017,337	4/1977	温特等	24/547 X
4,597,139	7/1986	列	24/546

国外专利文献

665847 9/1938 Fed. Rep. of 德国 24/546

Primary Examiner—James R. Brittain
Attorney, Agent, or Firm—Raymond N. Baker

[57] 摘要

改进后的回形针由一根具有弹性的铁丝制成，由里面的U形循环嵌套外面的U形循环构成。每一个循环都包含一个开放的腿和一个相连接腿。每个循环的自由腱和连接腿部分都具有相同的长度。用一个弧形弯曲将U形循环接在一起，以延长连接每一个循环的连接腿。每个循环远端的自由腿都位于相邻的弧形弯曲处，从而限定了回形针的纵向长度：这种远端自由腿的结构和其他的一些损害叠纸的属性都避免了对纸张的损害。在使用这种新型回形针的时候，压紧的作用力也会最大限度的在整个自由腿上延展。

5项专利保护申请，2张图纸

图2.14 授权给琳达·弗勒利希和李察·弗勒利希名为弹簧金属丝制作的大回形针专利

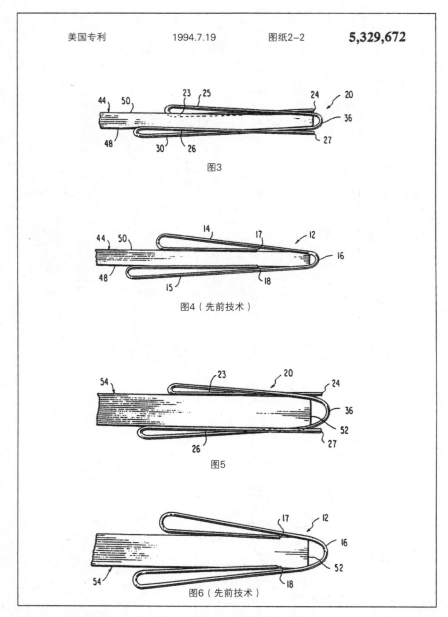

美国专利　　　　1994.7.19　　　　图纸2-2　　**5,329,672**

图3

图4（先前技术）

图5

图6（先前技术）

图2.15　专利图展示了传统回形针的两端如何刺入纸张，以至于在去除时会撕裂纸张，以及弗勒利希如何克服这一难题

3 铅笔尖及其设计分析

谁没有过铅笔尖多次折断的烦恼？这种情况尤其容易出现在脆弱的自动铅笔芯上，似乎最终丢弃在废纸篓中的铅笔芯比用于书写的铅笔芯还多。常见的不必削尖的0.5毫米细铅笔芯不断会被折断，于是因折断而产生的不便似乎给这种铅笔的优势带来负面影响。让我们更为仔细地观察铅笔尖，看看它们为什么会折断，在关于铅笔尖材料、强度以及工程设计师如何分析问题方面，它能教会我们什么，而不只是去抱怨或忽略这一日常生活中的小问题。

铅笔尖书写时作用于纸面的力量有多大，同样就会有相等的反作用力作用于铅笔尖（这就是牛顿第三定律所说的作用力与反作用力定律）。当反作用力超过铅笔尖的材质可以承受的极限后，铅笔尖就会被折断。为了更为详细地了解这种现象，我们可以更仔细地观察自动铅笔末端凸起的铅笔芯。

◎悬臂梁

铅笔是一种结构组织，它运用材料的组合设计来承受载荷。更具体地说，用于书写或绘画的铅笔可以被描述为一个悬臂梁，这是一个仅在末端支撑的简单结构。被风吹的树木，连接机翼的引擎以及举办派对的公寓露台都可以被描述为悬臂梁的其他常见结构形式。一支握在手中的铅笔最重要的结构部分很明显是铅笔尖，当使用铅笔时，铅笔受到书写面的挤压。

由于我们已认识到金属、塑料自动铅笔比从金属套末端向外伸出的小块铅笔芯更硬更有强度，所以我们可以想象，用于书写的铅笔在手中有一个延伸部分，它与外露的铅笔芯本身组成悬臂梁。外露的铅笔芯和铅笔本身的结合部可以被认为是悬梁臂的根基。即使铅笔与纸张倾斜成一定角度，即使纸张的挤压力与悬臂梁形成一定角度，铅笔尖、树木、机翼以及露台之间都有着足够多的相同点，这对工程设计师们来说都是类似的。因此，理解这些范例中的任何一种表现往往都能让我们更深刻地理解悬梁臂。

如图3.1所示，伽利略于1683年出版的重要著作——《两种新科学的对

图3.1　伽利略关于悬梁臂的解析插图

话》中以插图形式展示了悬臂梁。两种新科学中的其中一种即当今的材料力学，它对工程设计专业的学生来说是仅次于微积分和物理学的基础课程。伽利略关于悬臂梁作用的研究奠定了材料力学的基础，虽然他所写的大部分内容已经过时，但是他解决问题的方法仍然是可靠的工程设计科学的典型范例。如木船、大理石柱以及文艺复兴时期的其他工程产品常出现令人费解的断裂问题，是什么促使伽利略密切地关注这些问题？如今断裂的铅笔尖也面临同样的问题。

比如船舶和铅笔芯，虽然它们不同的结构起初似乎并没有彼此关联，更不用说它们在悬臂梁结构这一点上存在关联性。如图3.2所示，一支高分子聚合铅笔芯被用来测试其强度和柔韧性。在这种情况下，铅笔芯两端被支撑起来，而载荷被施加在笔芯中段。你会发现这种情况与一艘满载货物船舶的船头和船尾随着大浪上升没什么不同。在这种情况下，船舶或铅笔芯被认为是

图3.2　细丝聚合铅笔芯在弯曲试验中展示了其柔韧性

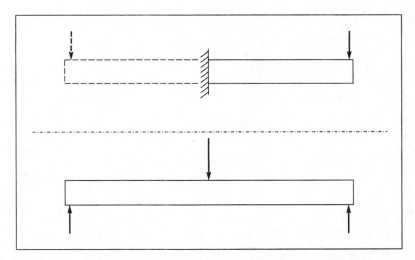

图3.3　关于一个简支梁（底部）可以被看作两个紧靠的悬臂梁镜像的说明图

一个简单的支撑梁，然而反过来这也可以被视为两个悬臂梁，如图3.3所示，穿过中心的垂直对称面，横梁的每一半都可以看作另一半的根部被嵌入进了墙壁。支撑的载荷可以被看作使每个悬臂梁弯曲的作用力或重量。因为每一半都是对方的镜像，因而分析任何一个悬臂梁都足以解决整个问题。用我们熟悉事物的视角透视新事物往往有助于分析新的工程设计问题。

伽利略认为悬臂梁是一个弯曲（或倾斜）的杠杆，它的支点在图3.1中标记为B。他猜测将大圆石悬挂在横臂的末端所产生的作用力有使杠杆转向B点的趋势，但是这一移动过程被穿过整个AB区间的均衡内聚力所阻止，如图3.4（a）所示。通过抵消这些反作用力，伽利略将支撑重量的横梁承载能力与横梁横截面的大小以及其所构成的材料的力度联系起来。在人们看来，伽

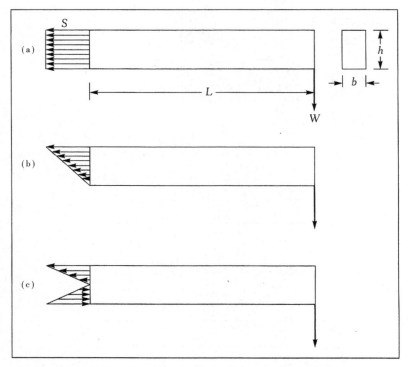

图3.4 （a）伽利略；（b）马利奥特；（c）帕伦特等的关于悬臂梁中内聚力分布的假设图解

利略的这一结论在当时能够自圆其说，但他们高估了其三个因素之一的横梁承载能力。

伽利略假设的阻力被均匀地分布到整个（a）（b）区间，并没有考虑到木材以及所有原材料有一定弹性的事实。它的阻力将成比例地延伸到横梁，与支点的距离越远阻力就越大。这一认识促使后来诸如法国人埃德姆·马利奥特这样的分析家修正了三角形区域的阻力分布，如图3.4所示，同时也给出了一个更为精确的结果。然而，是阻力使横梁保持平衡状态仍是错误的分析，因为没有一个假设可以提供一个作用力来平衡穿过AB区间的水平方向的力。就在这时，另一位分析家马利奥特的同胞A.帕伦特意识到，真实的作用力在穿过横梁AB区间是这样起着作用，如图3.4所示，底部被推挤进墙内，顶部从墙内被抽出。还有其他一些作用力作用于横梁之上，他们细致而系统的分析也是工程设计科学课程的研究对象，被称之为理论力学与材料力学。

◎ 自动铅笔

图3.5贴切地显示了一支自动铅笔尖的相关部分，当它在一个非常光滑的书写表面（铅笔和纸之间的这种表面几乎没有摩擦力）或一块玻璃上书写时，就会产生垂直向上的作用力。我们可以想象这种作用力分为两部分，各自产生不同的作用。其中一个部分的作用力，沿着铅笔尖的轴线趋向于将铅笔芯压回铅笔套里，当我们放开夹钳装置以缩进铅笔芯时，就会产生这种作用力。当里面的铅笔芯已经变得十分短小以至于不能向后延伸至制动装置时，我们也经历过这种力的作用（在这种情况下，我们将最后约半英寸长的铅笔芯从铅笔推出，扔掉它并将新的长铅笔芯装入铅笔内继续书写，这样就展示出自动铅笔一个明显而急需改进的缺点）。另一部分则是纸张产生的施加在铅笔芯上的推力，它垂直作用于铅笔芯的轴线并使铅笔出现弯曲，当这种弯曲程度超过了铅笔芯材料所能承受的范围，笔尖就会折断。（通过试验，在铅笔芯被插入铅笔之前很容易发现这种弯曲并使长的铅笔芯折断。如

果你不愿意使用铅笔芯，一条细的意大利干面条或者粉丝同样会证明我们讨论的这一现象）。

因为纸张产生的使铅笔芯被推回铅笔内的部分推力并没有明显影响弯曲作用，所以当我们在研究铅笔芯折断这一问题时，可以忽视这部分推力。在这种情况下，铅笔尖唯一相关的作用力就是垂直施加在铅笔杆上的作用力。而且这一作用力无论被认为是从一端产生的推力还是从另一端产生的拉力，其实没什么不同，因为这两种作用力都能使铅笔产生同样的弯曲。因此我们可以简单地描述铅笔的悬臂梁为如图3.6（a）所示，这与伽利略的从墙壁突出的横梁和其末端支撑一个沉重大圆石的问题极其相似。

正如伽利略所观察的那样，悬臂梁（无任何使问题复杂化的凹痕、结头、刻痕或其他不规则的地方）会在墙上断裂，所以我们可以观察到包含自动铅笔尖的铅笔芯（无任何凹痕、结头、刻痕或其他不规则的地方）仍会在金属或塑料套筒的结合部断裂。看看括号中的说明，它们并不仅是理论上的迁移，用小折刀或剪刀刀片去锯一段铅笔芯并且推进铅笔以使刻痕与金属套有一定的距离。如图3.6所示，将刻痕朝下，在书写表面上压住铅笔尖直到铅笔芯断裂。如果刻痕足够深，铅笔芯就会在刻痕处而不是在套筒结合部断裂。

没有裂痕，自动铅笔芯就会在套筒结合部断裂，如同伽利略的试验中墙壁里的横梁断裂一样。因为套筒结合部是作用力集中的地方，越是接近横梁根部，这种作用力越大，而且根部也是最先超过原料强度的地方。如果凹痕或刻痕增加了作用力的强度，横梁就必须在施加强度的地方进行支撑，这样悬臂梁就会在与墙壁有一定距离的地方断裂。显然，凹痕的出现改变了铅笔芯梁的特性，这和用锯子切割来改变伽利略试验中的横梁或者树干的特性一样。虽然这些详细信息使工程设计分析复杂化，但在实际分析中必然会遇到。

细铅自动铅笔在聚合铅笔芯开发之后出现，它柔韧性强（也就是说，能够承受相当大程度的弯曲，如图3.2所示），尽管这些铅笔芯看似很容易在

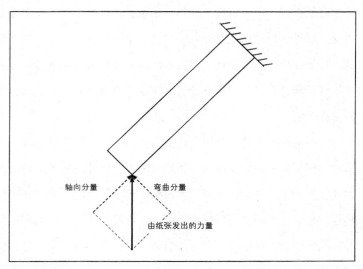

图3.5 理论上作用于自动铅笔尖的作用力分解示意图

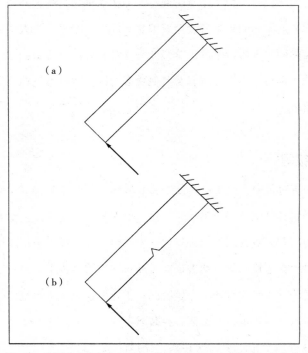

图3.6 理想状态下施加于自动铅笔尖作用力包括：（a）完美的铅笔芯，以及（b）有缺口或刻痕的铅笔芯

书写时被折断，但与它们尺寸相对来说还是比较强韧。在这种细铅铅笔流行之前，标准的自动铅笔芯是直径超过一毫米的陶瓷棒（主要由石墨和黏土构成），这使得它相对较粗，因此不能像新型的塑料铅笔芯一样可以画一条细小的线。陶瓷铅笔芯只能有较大的直径，因为它们十分脆弱，如果太细会很容易被折断。

在铅笔制造中有两个明显相互对立的目标：①使铅笔芯尽可能细，如同所期望的那样可以用来画成一条细长的线。②使铅笔芯足够粗以使其有足够的强度。铅笔芯的制造伴随着大多数工程学的活动，除了有些经常对立的目标外，还有一些额外的目标使问题进一步复杂化了。铅笔芯必须有合适的尺寸，以便能长时间地用于书写。制造一支在手中既厚重又舒适铅笔芯（外层没有笔管）的目标战胜了制造一支相对细长铅笔芯的目标，而且由于铅笔中用于书写的物质是一种最昂贵的原料，因为这种原料的大部分会被削掉，所以一支舒适而厚重的铅笔芯会造成浪费。此外，铅笔芯中大量的石墨会使我们在书写的同时弄脏握笔的手，因此一支没有外层物质保护的铅笔芯，总是不那么让人满意。由于这些以及其他更多原因，木杆铅笔在石墨被发现后很快发展起来。

◎木杆铅笔

在分析报告中，由于更为复杂的几何学以及木杆与铅笔芯之间的相互影响，木杆铅笔被削成一个锥形尖，这一形态暴露出比整齐尖细的自动铅笔更为复杂的问题。直到20世纪30年代，木杆铅笔尖通常会被折断得七零八落：铅笔芯时常在木杆内部突然被折断，而且在书写过程中木杆背面还会断裂。这种情况的发生可能有两个主要原因：①如果铅笔发生严重扭曲或掉在坚硬的物体表面，木杆里面的铅笔芯会断成一些小碎节，这意味着铅笔尖并没有很深地镶嵌入木杆之中，这和缺乏支撑的悬臂梁一样。②当铅笔尖很尖锐时，木杆必定正好在需要支撑笔尖的地方变薄了。无论哪种情况，铅笔尖作为悬臂梁的功能在临界点被中和——这与把石头从伽利略横梁上方的墙壁中移除的例子类似。如果只有少数几块墙石保留在横梁支点上方，它们很容易通过横梁的杠杆作用而发生位移然后崩塌。同样的，被削尖的铅笔尖附近薄薄的护套几乎不能为铅笔芯提供支撑，尤其是当铅笔芯和木杆没有很好地黏合在一起时。

　　20世纪30年代，木杆铅笔的这种不良特质成为工程设计师们进行研究和分析的焦点，理解它的缺陷是工程设计学努力的目标，这一努力开始于衡量并确定比较优势的彼此相竞争的铅笔品牌。因此，当鹰牌铅笔公司想要为旗下的米卡多铅笔做广告以展示其铅笔尖强于其竞争对手，铅笔尖的折断情况在可控制范围内时，结果却显示，鹰牌铅笔并没有像其广告宣称的那样足够强韧。因此，公司要求工程设计师们采取措施使鹰牌铅笔更加强韧。如同三个世纪前伽利略用木质横梁和大理石柱做试验那样，20世纪的工程设计师们开始更为仔细地观察铅笔在何种程度恰好会被折断，并且分析了相关的现象。他们很快意识到这个问题主要取决于一个现实，即木杆并没有充分地与铅笔芯贴合，不能有助于防止铅笔芯过早地断裂或者阻止铅笔芯从削尖且突起的铅笔芯处撕裂木杆中空的圆锥体。理解铅笔芯木制复合横梁的缺陷，能够使工程设计师们专注于如何强化木杆铅笔的问题。一般说来，对失败或设计局限的分析会促使工程设计师们更好地理解进而改进产品。

　　木杆铅笔是通过将铅笔芯杆黏合进具有凹槽的木条中，然后将一对木杆黏合起来制成，如图3.7所示。当粘胶变干时，铅笔就被定型、制成、包装，并装入船舱从工厂运输到各地。不幸的是，由于各种原因，粘胶并不总是可以很好地黏合铅笔芯与木杆。其中一个原因是铅笔芯和木杆中都浸有蜡——可以使铅笔芯书写起来平滑，使木杆更容易被削尖。而蜡的出现阻止了粘胶发挥应有的黏合作用，结果造成铅笔芯和木杆不能很紧地黏合在一起（很可能会发现一支较旧的铅笔，看起来完美精致，但是其内部的木杆和铅笔芯并没有完全黏合，而且铅笔芯可以自由地在木制套管内上下滑动）。当一支没

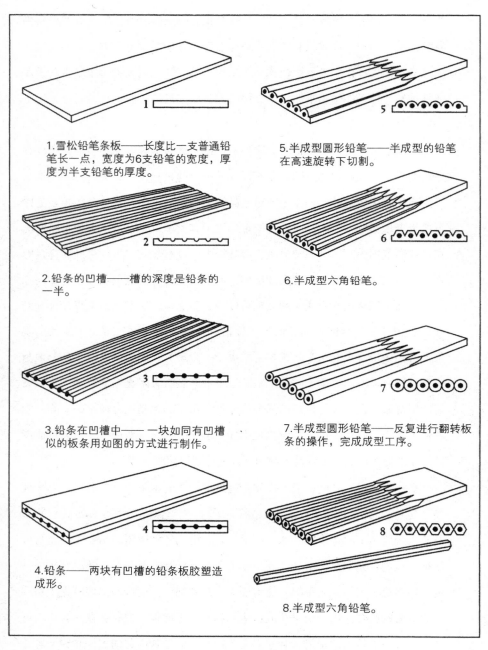

1.雪松铅笔条板——长度比一支普通铅笔长一点，宽度为6支铅笔的宽度，厚度为半支铅笔的厚度。

2.铅条的凹槽——槽的深度是铅条的一半。

3.铅条在凹槽中—— 一块如同有凹槽似的板条用如图的方式进行制作。

4.铅条——两块有凹槽的铅条板胶塑造成形。

5.半成型圆形铅笔——半成型的铅笔在高速旋转下切割。

6.半成型六角铅笔。

7.半成型圆形铅笔——反复进行翻转板条的操作，完成成型工序。

8.半成型六角铅笔。

图3.7 制造木质套管铅笔的步骤

有很好黏合的铅笔掉落时，在木杆套管内的铅笔芯会很容易断成许多小截，这往往只会在削铅笔的时候发现。常见的令人懊恼的情况就是铅笔一接触纸张，铅笔尖就脱落了。即使铅笔芯在木管中完好无损，过大的书写压力也能产生一种高强度的作用力，削尖的木管没有强到可以足够抵御这种压力（铅笔制造商称为"压力点"），于是铅笔顶部的木料就会裂开，暴露在外的铅笔芯就会折断。这就如同伽利略试验中支撑横梁的墙壁，它由松散堆砌的石头制成，结果被悬臂撬开了。

工程设计师通过研究铅笔芯的断裂和失效获得了设计信息，鹰牌铅笔公司的工程设计师们致力于解决和研究脆弱铅笔尖的问题，这促使他们去认识铅笔尖是如何断裂且为什么会以那种方式断裂。一旦了解个中缘由，进一步研究并总结出的对策可以减少木杆铅笔芯失效事件的发生。由于蜡的出现导致粘胶未能很好发挥黏合作用，因此需要寻求使蜡不再产生影响的方法。虽然这些问题并不是简单地划入纯粹的化学或纯粹的机械工程类别之中，但是这种跨学科的研究通常是工程设计师的主要工作内容，并且寻求解决问题的方法总是新鲜且充满挑战。

经过一些试验之后，工程师设计们发现将裸露的铅笔芯浸泡在硫酸中烧掉表面的蜡质，然后浸泡在氯化钙中使铅笔芯覆盖一层石膏密封薄膜，随后木杆将浸入树脂质的黏合剂之中，这些操作会使木纤维更坚硬且难以断裂。在如此组合下，铅笔的这种组成处理办法为工程师们提供了以前从未有过的黏合强度。鹰牌铅笔把这一过程称之为"化学密封"，另外一些制造商很快研制出了与之抗衡的改进铅笔性能的制作方法，标记为"结合""木制钳牢""防压"等诸如此类。广告商立即将新铅笔的优势传达给消费者。今天仍然能够见到描述"木制套管是如何充分支撑铅笔芯"的广告词，这样的广告词表明铅笔芯的悬臂梁很稳固地固定在铅笔套管中，如同伽利略试验中的悬臂梁被假定为固定在砌石墙上一样。

◎断裂的铅笔尖

改进后的铅笔尖不会再以同样的方式断裂，当然这并不是说它不会断裂。我们中谁没有经历过这种挫折：当将铅笔削成一个细尖，碰到纸张时它就突然折断？这样的经历教会我们在使用新削好的铅笔时要轻微用力，但我们全神贯注于书写，很轻易就忘了用力的轻重，因此我们就会发现铅笔尖很恼人的频繁折断。如果我们确实在聚精会神地书写，几乎不会想到要重新削尖铅笔，要么就拿一支新的铅笔，要么继续用手中越来越钝（实际上加强力度）的铅笔书写。

19世纪70年代中期，加利福尼亚的工程设计师唐·克朗奎斯特在准备一篇报告的长篇手稿时也经历过这样的事情。我们可以想象一下，他的书桌上有堆积如山的书籍、报纸、笔记等，如同我们完成论文、实验报告或者演讲稿后的书桌一样。我们是否会在进行另一个项目前整理我们的书桌？当克朗奎斯特"发现许多被折断的铅笔尖（BOPPs）"散落在书籍以及其他参考资料下时，他开始整理他的书桌并"变得困惑"。这不是因为大量的惹人注意的铅笔尖，他知道它们很容易从刚削好的铅笔中断落下来，而是因为当这些折断的铅笔尖被聚集起来时，他发现它们的大小和形状惊人的雷同。

如同克朗奎斯特观察的那样，所有被折断的铅笔尖看上去都十分相似，这向工程设计师或科学家表明铅笔尖以哪种方式被折断，其中具有工程学或科学上的解释。这些散落在书桌上的被折断的铅笔尖简直就是试验中的确切的数据汇集点，尽管它们只是偶然发现的数据点，然而克朗奎斯特还注意到这些铅笔尖具有越来越强的相似性，这种情况显示出了在分析上不仅仅是巧合而是不能被错过的问题。如同科学家寻求理解无论是植物的生长还是星球的运动这些既有的自然世界行为一样，工程设计师们也在尝试了解精心制作、组装或者人工制造物品的性能。这些物品被称为人工制品，其性能是工程设计师研究的对象，工程设计师们就是从事分析或建构工程学科学的工作。当伽利略以自己的方式攻克了悬梁臂的问题时，也为工程科学奠定了基础。

从几何学角度上讲，铅笔是如何被削尖的或者是否由于铅笔芯本身材料的原因影响了折断的铅笔尖的大小和形状，由于克朗奎斯特未曾发现有对这一问题的清晰解释，于是他做了三个世纪前伽利略所做的试验，开始通过结合几何学和力学的知识来分析攻克这一难题。考虑到锥形悬梁臂（铅笔尖）的力量强度（被称为压力）取决于载荷或作用力的力矩，克朗奎斯特辩称，铅笔尖会折断的地方就是压力在输出中达到极限值的地方，这会破坏材料的强度。他假设这种强度（或者抵抗压力的能力）在铅笔的每个地方都相同，因为他的铅笔质量很好，可以假想为是使用优质原料和高标准生产出来的铅笔。他进一步假定，从几何学角度讲，铅笔尖是规则的被截短的圆锥体，因此他可以运用比几何学、代数学、微积分学等简单的数学知识，并且仅仅用笔和纸来计算。这种方法优于通过一个计算机模型来解决问题的方法，其优点是可以一劳永逸地明确解决一般性问题并依据参数得到答案。计算机程序则对于探求无数不同的铅笔尖角度、书写角度等方面的构型具有优势（使用计算机的缺点在于最初直接用它来解决这个问题，还有更多更复杂的问题，它也仅是同时考虑几何学、载荷条件以及原料强度等具体的综合问题。对一般原理的理解只有通过综合各自单个的解决方案进行推断才能实现）。

在克朗奎斯特对铅笔尖的分析中，主要的复杂因素在于铅笔尖是锥形，而非圆柱体。当然这意味着并不存在一个恒定的横截面积来抵御分布于载荷上的破断力。如伽利略所做的试验那样，由于伽利略的横梁始终有恒定横截面积，因而很容易推断出断裂将会发生在破断力强度最大的地方，通过杠杆的作用原理，很明显断裂会发生在墙壁上。至于铅笔尖锥形的横梁，其面积随着直径平方的增加而增加，因此没有明显的断裂位置。一般分析必须计算载荷强度在哪个位置首先超过铅笔尖的强度。

克朗奎斯特把有着圆锥形横截面的铅笔尖模拟成一个悬梁臂，并且假设纸张施加给铅笔的力是垂直作用于铅笔的轴，他通过这种方法来开始他的分析，如图3.8所示（虽然这种关于力的假设在多数书写情况中不可能成为现实，但这是开始分析工程学的一个合理假设，因为正如用自动铅笔尖做试验一样，在达到铅笔芯的强度且铅笔尖最终被折断前，最有可能垂直于铅笔轴线的组合力对弯曲的笔尖有最大影响）。这个假设可以借用粉笔来证实，当沿着粉笔杆的长度直接相反地使用推力或拉力，通过对粉笔的轴线垂直施加推力来对比观察粉笔是多么容易被折断。一旦他明确了这个问题的作用力和几何学的假设，辅以图表，类似于图3.8所示，克朗奎斯特就能进行更多的数学分析。自伽利略时代起，问题不断的发展促使着人们计算悬臂之类事物的弯曲应力问题，就现在来说，大学二年级的工科学生就可以掌握这一问题。经过计算，克朗奎斯特果然发现他的方程式预测到铅笔尖在书写尖端与木管结合的位置可能会被折断。克朗奎斯特对自己的结果比较自信在于方程式预测了更锋利的铅笔尖比迟钝的铅笔尖更容易折断，这与他的经历吻合。此外，在他的方程式预测中，折断的铅笔尖尺寸与他书桌上被发现的折断的铅笔尖的尺寸十分接近。

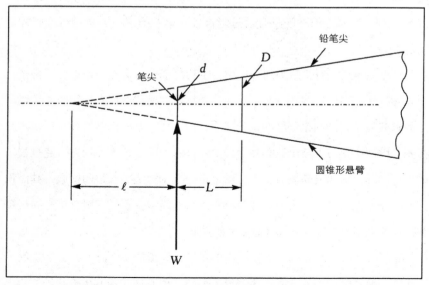

图3.8　唐·克朗奎斯特将木制铅笔尖作为悬臂梁的理论化分析图

◎近距离观察铅笔尖

　　吉尔·沃克发表在《科学美国人》上的文章《业余科学家》中报道了克朗奎斯特的研究，并且提出进一步的实验证据表明他的简单分析是合理的。然而，和克朗奎斯特一样，沃克不能提供一个令人满意的解释，为什么折断的铅笔尖断裂表面都是明显向后朝着铅笔笔身倾斜，而不是横跨垂直于铅笔尖边缘的平面位置，如同一支粉笔往往会折断的那样，所有被折断的铅笔尖显然都是以一个微小的角度断裂开来,如图3.9所示。这个角度的一致性表明其中应有一些明确的几何或材料力学（或两者兼有）的知识来解释这一现象，但事实上，无论是克朗奎斯特还是那些仔细检查他的实验数据和分析报告的人，都不能提出一个令人满意的解释。这些解释并不是微小且神秘的措施，它与看似有着明确分析方法的相对简单的问题相联系。一些读者随后针对沃克发表于《科学美国人》上的文章提供了相关解释，它涉及需考虑作用力朝向是横跨铅笔芯的宽度以及顺其长度产生作用等。这种额外的作用力被称为剪切力，它存在于复杂化的事物之中，工程专业学生需学会用材料力学课程中的知识来对其进行分析。

　　克朗奎斯特无法解释折断的铅笔尖上倾斜的断裂面产生的原因，这与伽利略不能发现他关于悬梁臂的创意性分析中的错误原因类似。克朗奎斯特和伽利略在开始阶段都作了一些基本的假设，即他们的横梁在确定现实但简化了的作用力下将会如何折断。在假设的情况下，他们开始解释他们之后的分析，继续将他们开始阶段的假设作为前提条件。伽利略不仅假定悬臂梁会在墙上断裂是正确的，而且假定破坏力是均匀分布在整个断裂平面之上是错误的。克朗奎斯特（继承了三世纪的经验）并没有假定这么多条件，他允许作用铅笔芯的力在垂直于铅笔芯的轴线平面上发生变化，也允许作用于铅笔杆轴线的力量强度发生变化，但是当他假设断裂将会发生在最大强度的轴向力达到铅笔芯强度时，他忽视了其他作用力的影响。伽利略检查了他的试验结果并记录了他正确预测到的一根深插入墙壁中的横梁强度大于浅插入的

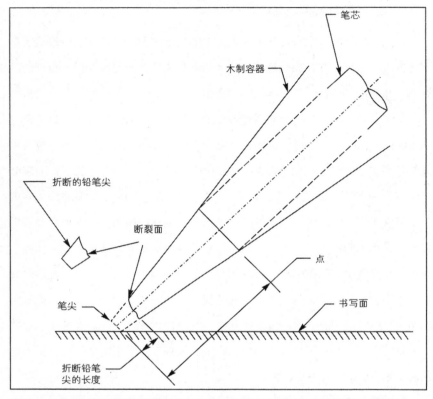

图3.9　克朗奎斯特绘制的说明铅笔尖在相对铅笔轴线的何种角度折断的修正示意图

横梁，这个结果使他在作出正确的分析时颇为自信，即使并没有确凿证据来表明其正确性。三个世纪之后，克朗奎斯特检查了关于折断的铅笔尖产生的结果，这促使他进行分析和调查，并且当他预测的结果与折断的铅笔尖的尺寸一致时，即使他并不能完全解释倾斜的断裂表面，他还是证实了开始的假设。这需要以后进行努力并且对铅笔尖问题进行新的分析后，才能找出其中的错误。

几个世纪以来，虽然我们在工程学、科学和技术方面取得了卓越的进步，但自伽利略从事科学工作的时代以来，我们如何分析事物和攻克问题的方法本质上仍没有改变。甚至当我们使用最先进的计算机模型时，类似的疏忽性错误仍会产生。然而，透明和公开的假设、计算以及结论的陈述，诸如像这些伽利略所介绍的方法，使随后的工程设计师和科学家们能够通过检验和基于前辈的工作成果，攻克相同或类似的问题，从而推动知识和技术的不断发展。艾萨克·牛顿认为这种累积效应的产生是因为站在巨人的肩膀之上，所以比前人看得更远。

◎深入分析

折断铅笔尖的案例表明，这个挥之不去且悬而未决的问题往往驱使工程设计师和科学家们进一步去研究。不仅是克朗奎斯特的分析未能解释为什么断裂的发生会开始于横断倾斜表面，而且对于由书写表面施加的某种力的分析也很有限。也许仅仅是期望进一步展开综合分析（考虑到书写表面的粗糙，各式各样的铅笔刀的切削角度以及握住的铅笔与纸张接触的不同角度），这促使另外一名工程科学家斯蒂芬·科文在20世纪80年代再次攻克"断裂铅笔尖"的问题。通过考虑作用于铅笔尖上更多的一般力，一个任意的切削角以及纸张上的铅笔不断变化的倾斜程度（图3.10），他可以探索出断裂的铅笔尖的大小和形状因不同的铅笔在变化中的书写条件下如何变化。也许他认为在他进行的分析中，更多一般性的假设将有助于理解为什么会出现倾斜的表面。

结果，对于所有他概括的几何和载荷条件的问题，科文并没有质疑断裂标准更基础的假设，并且他也假设失效在轴向应力的最大临界值达到原料的张力时才会发生，一旦达到，断裂将会以一条直线形式穿过铅笔尖。因此，科文像克朗奎斯特一样，在本质上假定断裂会导致铅笔尖断裂的产生，当铅笔尖被折断时，它们是规则的或者可以忽视它的倾斜度的圆锥，而不是明显倾斜的圆锥体。

总之，克朗奎斯特和科文都没能充分解释为什么铅笔尖的断裂面都是倾斜面，因为他们的整个分析都是建立在假设基础上，即断裂发生在最大张应力穿过一个特别的平面达到重要的临界值时。并且他们都忽视了一些剪切力

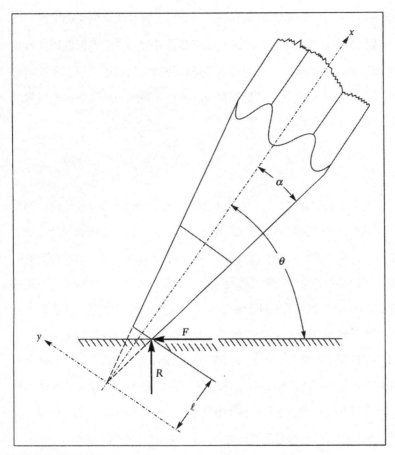

图3.10　铅笔尖接触纸面的几何学分析图

或压力，它们可能平行作用于倾斜平面并从它们最初的路径将断裂扩散出去。事实上，解决类似于破碎的铅笔尖问题的早期尝试的失效，并没有减少像克朗奎斯特或科文这样的分析家所作出的贡献，他们重新研究悬梁臂这个问题并为后续研究条件奠定了新的基础，促进了我们知识和能力的发展。事实上，这类分析家所做的工作对于解释这一问题并制订他们的解决方法，引导了所有后续分析家，并使他们受益匪浅。这就正如伽利略在他《两种新科学的对话》一书中关于悬臂梁的未完成的基础研究为所有现代计算与材料力学有关的问题奠定了基础一样。

当计算开始从假设到预测与悬梁臂的相对强度或者折断的铅笔尖的绝对尺寸一样准确时，计算就会变得越来越不可能正确，或是基本假设的完整性就会受到质疑。但是从结果来看，这些假设并不是无效的，但并不能表明它们完整或甚至是正确的。什么决定了断裂平面的位置、最初的朝向以及脆弱的铅笔芯能够承受的最大压力？事实上，当绝对最大的张力作用于平面之上时，决定了折断的铅笔尖的断裂处在哪个位置并如何开始断裂，随着断裂的开始，剪切力在决定最终的分离点发生穿过的平面中可以发挥越来越重要的作用。正如《科学美国人》中的文章讨论的那样，必须遵循原有的问题处理办法。

在伽利略的横梁几何学以及大多数悬臂的矩形几何形状中，撕开材料的最大强度作用力（最大张力）平行于横梁的长轴线在其外层纤维中起作用。然而，铅笔尖圆锥形的几何体将这一问题复杂化了，由于忽视了如此微小的细节，以至于限制了所有后续分析的效用。如同铅笔尖的侧面一样，无论何时，一个边界面没有力来直接作用于它，最大的张力必须作用并贯穿平面，即垂直于自由面。在铅笔尖的例子中，这样的观察结果立即引出了一种解释，即为什么折断的铅笔尖开始以倾斜的横截面折断；并且还对有包括剪切力等相关作用力本质的基本性假设进行了重新考虑，阐明了断裂如何发生。

◎研判分析

铅笔尖折断的问题说明了牢记并追溯关于详查和解释工程分析结果的基本假设多么重要。只要人们没有质疑基本假设的正确性或者限制性，他就可以忽视假设正在限制人们对结果的解释这一事实。像折断的铅笔尖一样相对简单和无关紧要的问题可能会得到这样一个教训，即它对于发展工程方法和判断的强烈批判意识非常宝贵。借助于最复杂的计算机模型进行分析对缺乏远见的人来说仍是一种主要手段。事实上，问题及对它的分析越是复杂，我们越是容易落入这样一个陷阱，即专注于分析结果以至于忘记了分析所依据的基本假设。此外，随着这样的分析发展到需处理越来越多的一般或更大的系统，无论它们是折断的铅笔尖还是悬索桥，忽略了模型分析究竟是如何被基本假设所限制将会更加危险。

因为现实的材料和结构很少处在纯粹的数学理论环境中，即使是实际的破坏性试验也很容易揭示出伽利略的错误。现实的材料会有变化且并不完美，这就使强度只有在一些统计层面上有意义。如果我们破坏一些表面上一致的事物，由于样本会有不同类型的缺陷（结头、裂缝、裂口、孔洞），并且试验本身也会使用到尚有缺陷的测量方法，遇到中心线偏斜等问题，我们就有可能得到一定范围的强度样本，此外，即使测试结果的分布所代表不同含义超过预期，差异性也可能会被归因于不能得到一个真正的悬臂支撑而不是找出其真实的起因（在伽利略的事例中，他完全忽视的材料弹性，之后显然妨碍了他将弹性的重要影响纳入其分析之中）。

因为工程设计师们知道理论上的计算和预测很少能捕获所有真实存在的变化性和细节，所以他们并不期待完美。工程设计师长期用来设计方案的方法来源于分析，为考虑到众多的不确定性，必须谨慎地使用计算方法。例如，伽利略的插图显示，谁又能说泥瓦匠围绕悬臂修建一堵石墙时是如此认真？此外，谁又能说工人们在把沉重的物体系附在完整悬臂的末端时可能会如此仔细？他们中有多少人会在修筑过程中站在横梁之上，从而增加了相当大的重量以致超过了悬挂在横梁末端的大圆石重量？他们会轻轻地在挂钩上放置大圆石吗？或者他们会不会十分用力地甩落大圆石以致横梁将会突然撞到一块玻璃，从而对横梁造成损害？虽然伽利略论述了这些问题是怎样被考虑到的，但我们一直在讨论的方案却没有被考虑到。涵盖许多偶然事件可能会使支持力不足的横梁超载，工程设计师常常预测它可以支撑多达6~8倍的重量。这种保守主义被称之为安全系数，虽然它们导致了超安全标准设计的产生，但也使结构更为可靠。尽管用铅笔写字似乎并不涉及诸如使横梁在墙壁上竖立，或者飞机机翼在风暴中动荡等的危险在结构上过多的载荷，但是看出如此明显不同的结构体是如何产生联系或者未能产生联系之间的相似性，对成功的工程项目来说必不可少。

◇ 绘图铅笔

一支铅笔的图示——具有丰富的象征意义的最熟悉的对象——通常可以在报纸漫画和广告中见到，尤其是在校园中。可能因为这些描述如此平常，以致我们往往没有仔细看它们或者没有注意到它们怎么经常代表在现实生活中难以发现的事物。其中最常见的错误是关于铅笔如何被削尖的描述。在现实生活中，一支六角形铅笔的脊线被卷笔刀或小刀削掉了。为什么削尖的铅笔会如此频繁地被用来画图，其脊线却完整无缺？技术创造能否解释这种现象，或者还有其他的解释？

4　拉链及其设计开发

在19世纪，日常生活中所面临的许多费时且令人头疼的事情之一就是扣紧和解开包括高帮纽扣靴等服饰上的许多纽扣、挂钩以及环扣。由于许多纽扣间隔十分紧密，那些穿衣很迅速或者疏忽的人往往容易漏过一个纽扣或者扣钩，结果发现背心的底部或衬衣顶部还有扣眼或孔眼，于是只能全部解开重新再扣一次，这样的情况屡见不鲜。许多人都曾咒骂过关于纽扣、挂钩和环扣带来的种种问题，然而其中的缝纫机的发明者小伊莱亚斯·豪不仅仅是抱怨这个问题，他构思出"一个新的、实用的，可用于衣服、女士长靴以及其他物品的适用性改良产品"，并于1851年获得了专利。他的专利由一页图纸（图4.1）和一页文本构成。

像所有的发明一样，豪的设计解决了现存使用方法上的缺陷，他明确表示："这种扣紧衣服的方法，其优势在于能够轻松快速地解开或扣紧衣服，顺序不会变乱。"这种新的扣紧装置的方法可以在专利图中一目了然，很明显，它能够起作用。然而很容易想象，这种装置持续正常地运转也具有一定程度的困难。例如，豪的扣紧装置上的金属钩分布于带筋织物之上并沿着卷边滑动，而且这些金属钩需要相互紧密匹配，但是又不能太紧。假设金属钩和卷边之间这种小的公差能够在制造中实现，但它能否长久使用值得怀疑。当这种扣紧装置在滑动时出现平顺或凸起的现象，金属钩毫无疑问会弯曲以至于封闭得很紧密，并因此勾住衣服，或者这些金属钩会变松而很容易从卷边中脱落出来。即使这些问题能够避免，但是织物上的金属钩频繁地反复来回运动会使它产生磨损并失去效用，或者至少不太雅观。

豪是否预见到这些发明中难以克服的困难？是否将这些困难搁置在一边？由于他将主要精力都放在了更有利可图的专利侵权诉讼案件之中，一直在寻求对如伊萨克·辛格尔这样蓬勃发展的缝纫机制造商采取法律维权的机会。总之，豪似乎并没有尽力去改进并在市场上推销他的衣服扣紧装置。因

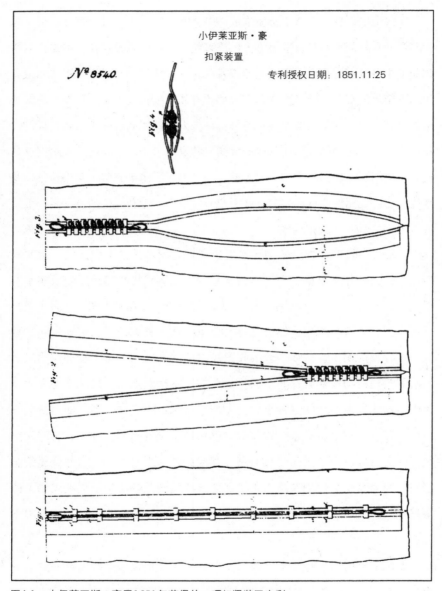

图4.1 小伊莱亚斯·豪于1851年获得的一项扣紧装置专利

此，这一设计没有发展成为一件成功的产品，而是仅仅停留于概念上。一些科技历史学家甚至否认拉链在历史上的地位，认为这种拉链没有咬合作用，不具有真正意义上的拉链特性。

◎拉链

一般说来，拉链的发明归功于惠特科姆·L.贾德森，尽管这位芝加哥的机械工程设计师在首次申请拉链专利后超过30年的时间里拉链并不被称为"拉链"，但是他早期的专利是关于诸如"气动轨道交通系统"之类的发明，该发明的驱动力来自于压缩空气。贾德森曾经被形容为一个厌倦了弯下腰来束紧他的高筒靴鞋带的肥胖者，因此他找出了现存技术的缺陷，构想出 "用于鞋子的扣锁或解锁装置"的方案，并于1891年申请了专利。与豪不同，贾德森并没有忽视自己的想法，他不断思索如何改良自己的发明。甚至在他第一个专利发布之前，已经为他的另一个发明——"鞋上系结物"装置申请了专利（图4.2）。与他的第一个想法不同，这次的新发明改变了制鞋的方式，他的这种"鞋上系结物"方案具有能嵌入现有鞋子的优势。结果贾德森的两种设计方案都被认可，并在1893年的同一天被授予了专利。当贾德森被弯腰系鞋带的困扰所激发时，他清楚地认识到他的发明有十分广泛的适用性："这个发明是作为鞋子纽扣而专门设计；但是它用途广泛，如由联锁部件组合而成的扣子能通用于邮件袋、皮带以及束身带等。" 尽管这些应用确实可以实现，但首要的基本设计问题是必须开发出一件能够经济生产的可靠设备。

贾德森这一具有前景的构思赢得了哈利·L.厄尔的支持，当他们都还是农业机械的推销员时贾德森就已认识了他，而且厄尔还曾是气动轨道交通计划的发起人。然而，主要的财政支持则来自一位宾夕法尼亚州的律师——路易斯·A.沃克尔，他预料到贾德森的发明会带来财富，于是两人在1896年成立了全球滑动式纽扣公司来开发这两项专利。贾德森紧接着发布于1896年的

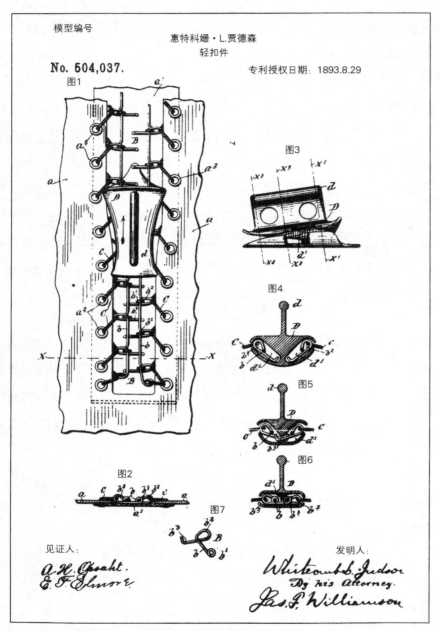

图4.2　贾德森申请的第二个鞋子扣件装置专利，发表于1893年

两项专利就指定该公司进行开发，这两项专利的设计表达图纸使其看起来内容翔实。然而最初全球滑动式纽扣公司的销售成绩并不理想，这在很大程度上是因为其产品往往会在不适当的时间突然爆开，而且它们锋利的边缘和尖锐的末端很容易划破其所扣紧的织物。此外，除非这一设计的早期版本能够采用劳动密集型的方法进行有效的自动化生产，否则这种纽扣的价格就无法降到能够吸引潜在消费者的程度。因此，贾德森在开发其装置的同时，也不得不设计一种制造这种装置的机器。

在贾德森第一个纽扣专利申请十年后，他于1902年为"拉链制造机"申请了专利并得到授权（图4.3）。这台机器被设计来制造"扣钩和链环的咬合链"，这种咬合链是一个成功扣件的关键组成部分。与早期的纽扣专利相比，机制纽扣的专利说明更长，有8张图纸和9页文本。然而这并不足为奇，因为能自动生产这个复杂产品的机器更为复杂，相比其产品而言，它包含数量更多的可移动部件。遗憾的是，无论是贾德森的机器还是这台机器制造的各式各样的扣件装置都并不是那么可靠和足够有效。因此，他研发了一种新的纽扣装置，在这种装置上，以前那种麻烦的链子被直接固定于一定长度的织物上的扣钩和环扣取代，这种装置还能连接附加到鞋子、衣服以及其他物品之上，而且还能够用更为简单的机械生产出来。与此同时，全球滑动式纽扣公司发展成为纽扣及纽扣机械制造公司，之后公司又更名为自动钩连式纽扣公司。

这种新式纽扣被取名为"安全"并开始投入市场，顾名思义，它避免了前几代产品容易在不适合的情况下爆开的毛病。"安全"纽扣的广告大肆鼓吹其优点"一拉就完成！不会再让裙子敞开……你扣紧的裙子总是那么让人安心而优雅"。可惜的是，这件产品并没有如它许诺的那样有效，"安全"纽扣在它本应该可以安全的紧扣时结果却松开了，而且滑动件容易在末端被卡住，使穿戴者由于敞开的裙子或裤子而尴尬不堪，"安全"纽扣的这一毛病广为人知。当然，这些问题也许能够在进一步的研发中得到解决。然而，

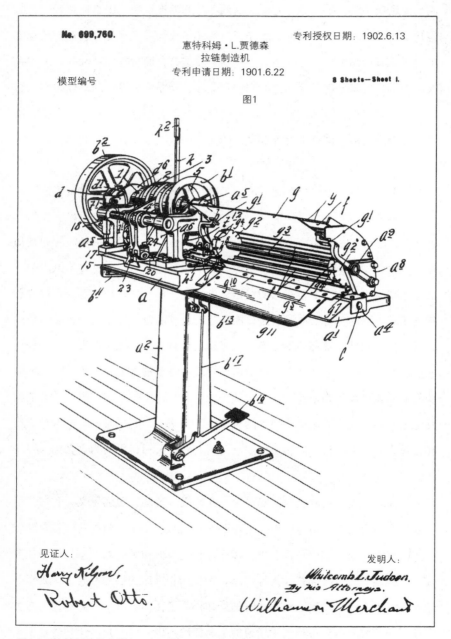

No. 699,760.

惠特科姆·L.贾德森
拉链制造机
专利申请日期: 1901.6.22

专利授权日期: 1902.6.13

模型编号

8 Sheets—Sheet I.

图1

见证人:

Harry Kilgow.

Robert Otto.

发明人:

Whitcomb L. Judson.

By his Attorneys.

Williamson Merchant

图4.3 拉链制造机专利

在"安全"纽扣的案例中，该产品应用于衣物的冗长而复杂的使用说明似乎表达了制造商对其十分肯定，使用说明中这样表达道："用户在使用过程中如果发现任何困难，可以告诉我们，这将是我们莫大的荣幸，我们会给你寄送更为详细的使用说明。"

就在自动钩连式纽扣公司开始担心贾德森最早的专利很快就要过期时，其他一些发明家也开始了新一代的发明，也即后来被称为的拉链。在这些发明家中，佛罗里达州坦帕市约瑟芬·卡洪的1908年的专利设计表达出"在连衣裙中运用拉链的改良方案"，与此同时，欧洲的发明家也为拉链申请了专利。这个设计与最终为人熟悉的拉链非常相似，它由瑞士苏黎世的凯瑟丽娜·昆木思和亨利·福斯特发明，他们于1912年在瑞士、德国和英国取得了专利权。

与此同时，自动钩连式纽扣公司雇用了一名出生于瑞典，并在瑞典和德国求学的电机工程师吉迪恩·森贝克。1905年，森贝克来到美国并在匹兹堡的西屋电器制造公司工作，但是一年后他开始为自动钩连式纽扣公司工作，他在这家公司担任绘图员和设计工程师，主要负责机器的进一步研发工作。森贝克由皮特·阿朗逊带进自动钩连式纽扣公司，阿朗逊在公司负责保持"贾德森的机器运转足够持久且稳定，这样它的缺陷就能得到及时诊断并给予修复"，而且他后来又开始负责机器的制造。据说阿朗逊的女儿后来成为了森贝克的夫人，她与这位工程师离开西屋公司进入自动钩连式纽扣公司工作有一定关系。然而，森贝克的理想是否有悖于他的电气工程学历背景？因为他期望从事于机械装置的开发多过在电气工程领域内的研发，但是工程设计师如此跨学科的职业变动一直很常见。进入20世纪下半叶，不同的工程学课程中具有许多共性，电气工程师希望了解机械知识，而机械工程师希望了解电气知识。

森贝克开始致力于"安全"纽扣的改进工作，这种纽扣仍然容易在被弯曲时或者在进行机器生产时突然爆开。年迈的贾德森于1909年去世之后，森贝克成为最专注于纽扣研发工作的工程设计师。他的新设计模型被称为"普拉扣",因为它的预期用途是作为衣服接缝线的连接口,也就是服装的门襟。然而"普拉扣"还有许多地方有待改进,它的销量并不好。据说该公司的一位秘书,有一次很骄傲地穿着一条置有"普拉扣"的裤子,但是有天晚上却不得不飞奔回家,因为这个纽扣突然爆开而且还卡住了。虽然自动钩连式纽扣公司已经濒临破产,但它仍然通过制造包括纽扣型纸夹等各式各样的小型金属装置来维持公司的经营。然而,森贝克并没有放弃对拉链的研发,为了让拉链的使用既经济又能高度可靠,他坚持发展自己的基本想法并不断研发制造拉链的机器。

◎ 无钩式纽扣

由于各种样式纽扣中的钩子似乎是大多数故障出现的原因,森贝克便开始寻求能排除这些故障的办法。1912年,森贝克为新的设计模型申请了专利,并于1917年得到修正(图4.4),这个新模型将一边的扣子紧扣在安装于带筋另一边的扣子之中,随着拉头的滑动打开或闭合这些扣子,扣件也就相应地被打开或闭合了。20年来一直确保为研发提供财力支援的路易斯·沃克对这款新的设计充满热情,并将其描述为"隐藏式钩子",后来也被称为"无钩式纽扣",最终命名为"无钩式一号"。然而,如同60年前豪的纽扣概念所预示的那样,这种纽扣在使用中时常发生钩挂现象,并且在带筋上造成了很多磨损和撕裂。于是,森贝克开始对该扣件进行重新设计。

森贝克将自己构想出的下一个设计产品描述为"完全背离了早期拉链的设计原则",这种新设计由"嵌套式的杯状个体组成"。他的专利申请书于1914年得到批准,这表明自贾德森发布第一个具有市场前景的专利以来,针对扣件的设计、再设计以及研发的努力已经超过了20年。这种完全背离(图4.5)早期拉链样式的设计后来被称为"无钩式二号",它与现在的拉链非常相似。然而,尽管拉链的原理在最新式的无钩模型中已变得

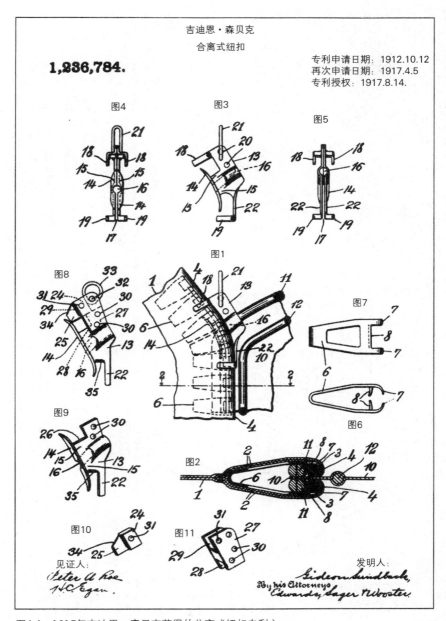

图4.4　1917年吉迪恩·森贝克获得的分离式纽扣专利之一

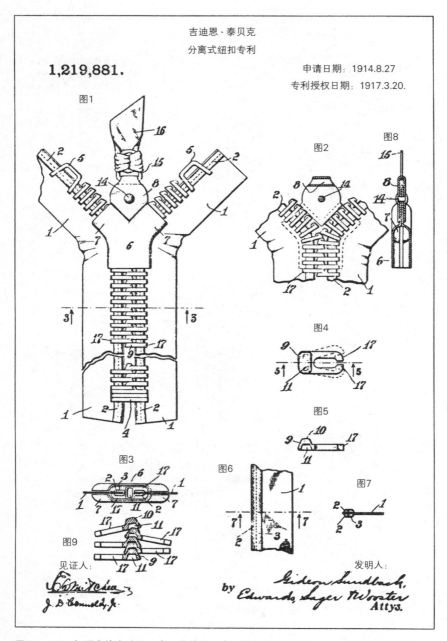

吉迪恩·泰贝克

分离式纽扣专利

1,219,881.

申请日期：1914.8.27

专利授权日期：1917.3.20.

图4.5　1917年颁发给吉迪恩·森贝克的另一个可分离式纽扣专利，它与现代拉链较近似

"完美"，但是仍然存在高效生产的问题。为了解决这一问题，森贝克着手进行制造新式拉链机器的研发工作，这一过程十分艰辛，最终新的机器被发明出来，森贝克称之为"S-L机"，这两个字母代表"无废料加工"。从这款机器的最终组成来看，它的工作运行非常完美，将数段特殊形式的金属线切割成"Y"形横截面，对带子的一面进行冲压并使其另一面凸起，并将布带送入机器，使机器箍缩分布于布带四周的Y形横截面的开口部分，就完成了整个生产。事实上，这个过程不会产生垃圾或金属废料，其制成的产品也光滑耐用。图4.6显示了拉链制造机的后期版本。

无钩式纽扣经过长时间的开发，在它出现25年后终于达到了当初预期目标，但是它的市场销售情况在数年里仍旧面临着困难。在第一次世界大战期间，一项措施促成了无钩式纽扣的成功。当无钩式纽扣被缝进飞行服时，对飞行者来说，它防风效果好，当它被缝进置钱腰带时，可以卖给陆军和海军人员。豪早在1851年也预测到了它的另一种用途，就是无钩式扣件可有限制地使用于邮递袋，但是在烟草袋中运用该装置被证明更有利可图。

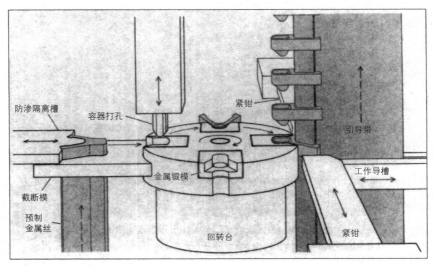

图4.6　制造拉链的后期过程

无钩式纽扣在服装上的运用仍然罕见，部分原因是制造商还需投资重新培训员工，使他们能将更为昂贵的扣件装置缝合进衣服中，这种扣件在衣服上的运用并没有变得十分流行，直到1913年这种纽扣才开始应用于衣服。然而，橡胶雨鞋就另当别论，无钩式纽扣被证明是能够打开和闭合雨鞋的最佳方法，在寒冷和下雪的天气，它可以使穿脱鞋子更为简单快捷。20世纪20年代早期，豪富公司向无钩式纽扣公司订购越来越多的产品，很快，豪富公司又推出了他们的新产品"附有无钩式纽扣的奇妙靴。穿只需拉一下，脱只需拉一下"。然而，"奇妙靴"的销售业绩并没有达到豪富公司预期的销售量，在1923年的产品上市季节，为提醒人们注意纽扣打开和闭合的方式，"奇妙靴"被更改了名字，其商标名称变为"拉链"，很快"拉链"就成为无钩式纽扣非正式的名称。1928年，无钩式纽扣公司开始使用商品名"鹰爪"，意在表明其产品如同猛禽的爪子一样具有坚韧的抓握能力，同时透露出一个信息——新型的纽扣不会在不恰当的时间松开。大约在10年后，这家公司更名为"鹰爪股份有限公司"。

◎相关的发展

20世纪30年代末期，"鹰爪"公司在拉链行业面临着激烈的竞争。早期的专利已经过期，其他的制造商也设计和研发了他们自己的拉链制造机。康马产品公司的一名雇员设计出以每秒50次的速率冲压平整金属线带上的拉链齿的机器，其实拉链齿更合适的叫法是"链牙"。1932年，古斯塔沃·约翰逊申请了另一个专利，将拉链齿直接嵌入一条连续的拉链布带。这条齿状布带与另一条齿状布带相匹配，且这两条长布带固定于线轴之上，这种拉链可以随时被拉开并且配有末端适配装置和滑动块，因而形成了单独的、具有合适尺寸和样式的拉链。

第二次世界大战期间，德国的拉链工厂被摧毁，但是战后德国人没有按照战前的技术标准来重建这些工厂，而是研发出拉链生产的新技术。这种新

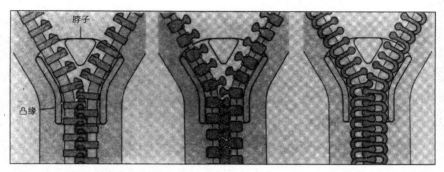

脖子

凸缘

图4.7 现代拉链的形式，包括两条塑料链牙

的塑料齿状拉链技术于20世纪40年代在美国市场上开辟了一条新路。塑料拉链可以固定在拉链布带上（图4.7），因而取代了单独的金属齿或链牙。之后塑料拉链的开发还包括将凹口塑料线编织进长条拉链中以及将齿状或线圈状部分直接嵌入拉链布带上。塑料拉链具有可制成任何颜色的优势，布条也可以被染成能与塑料链牙或线圈相匹配的颜色，因此这种拉链被缝合进衣服时难以被发现。这对时尚行业是一种恩赐，并且受到服装购买者的青睐，因为审美因素和技术因素在这里达到了统一。

以上开发实践的动力显然来源于寻求改善拉链操作方式或者来源于寻求更为经济的拉链生产方式。这种基于相同基本理念上的渐进式变化和改良具有大多数工程研究和开发的特征。然而与这种渐进式的变化相比，还有可能发生革命性的变革，这种变革并不是旨在如何让现有事物变得更好，而是发现事物如何以完全不同的方式或者基于完全不同的原理被创造出来。但当变革是可预期时，这种变革的灵感才会出现在发明家或者工程设计师的脑海中，这并不是说他们的思想中不具备瞬间领悟灵感的潜能。

1948年，瑞士发明家乔治·德·梅斯特拉尔和他的爱犬在散步后的回家途中穿过阿尔卑斯山的一片高山林地，走着走着，他停下来摘除附在裤子和狗毛皮上的苍耳。当他正在摘除时，他想知道为什么这些苍耳能这样黏附在其他物体之上，于是他开始在家中的工作室用显微镜观察苍耳。通过这种方法，他推测出苍耳能黏附于物体上的机理，同时他开始思考如何能够提供一种替代传统拉链来扣紧衣服的办法。虽然在几个月之前，德·梅斯特拉尔为妻子连衣裙上的一个被卡住的拉链烦躁不已时，他还并未有意识地去思考发明这种装置。但是此时，德·梅斯特拉尔想知道能否发明一种能够取代金属拉链的装置，但他毫无线索。事实上，德·梅斯特拉尔对发明并不陌生，因为他在20岁的时候就因为发明了玩具飞机而得到了他的第一项专利（他将会在60岁的时候得到他人生中的最后一项专利——畅销的芦笋去皮机）。

在显微镜下，德·梅斯特拉尔证实了他的猜想，即苍耳表面由许多小钩组成，这种小钩很容易钩住编织服装面料上的环圈，纠缠在一起的狗毛等就类似于这种环圈。另一方面，当把苍耳放在手指中滚动时，手指轻轻按压小钩圆形的背部，可以感觉到苍耳很有弹性。一瞬间，德·梅斯特拉尔便构思出一种新的扣件系统，它由两片布带组成，其中一条表面附有微小的钩子，与它匹配的布带表面则附有微小的环（图4.8）。当这两片布带被缝进连衣裙或其他衣服时，钩和环相互贴面，一种柔软但紧实的扣件就诞生了，从此不会再被卡住。

与贾德森的金属拉链一样，德·梅斯特拉尔的基本概念设计是合理的，但是它要发展成为一种能方便使用的产品，就需要用可靠的方法制造出来。当德·梅斯特拉尔向纺织专家询问关于钩式布带的制造问题时，专家们都表

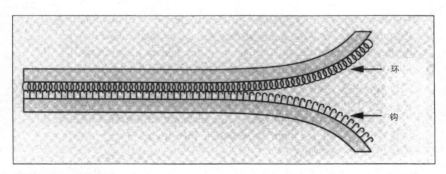

图4.8 维可牢的原理

示怀疑。后来，法国里昂的一间纺织工厂的织布工生产出了一条附有小钩和一条附有小环的棉布带，德·梅斯特拉尔将这对布带称为"锁带"，在此时，德·梅斯特拉尔的概念看起来才具有可行性。然而新的扣件系统能否简单地被打开和闭合，闭合时是否紧实，经过多次的穿着和清洗能否持续有效地使用，其中仍有许多细节问题有待解决。研发一个成功装置需要面临许多问题：布带上应该需要多少钩子，这些钩子应该由什么材料制成，它们如何形成等类似的问题也不得不用来解决环的问题（合适的环的数量最终被发现是每平方英寸300个左右）。就在此时，里昂制造的常用棉布被更加耐用的尼龙取代。在研发过程中有很多发现，其中一个发现就是在红外线照射下编织尼龙能使尼龙制成的钩子和环扣更为坚固。

德·梅斯特拉尔的概念设计总共花了六年时间才形成了一个在商业上可行的产品，而且制造它的机器装置也十分经济实用。第一家制造钩与环的布带工厂成立于1957年，而这距离发明家的一次启发灵感的步行之旅已经大约是10年之后了。这件产品进行销售时，有一个很容易让人记住的商标"维可牢"，它是一个合成词，由法语单词"丝绒"和"钩针"前几个字母组合而成。前一个单词意为"丝绒"，指的是柔软的小环布带，而后者意为"小钩"，指的是结实的小钩布带。和许多成功的产品一样，一件特别产品的名字往往会被广为使用。严格说来，像"维可牢"这样的装置，都是统称为"钩与环纽扣"，但是大多数人却继续使用更短且更易记的称谓"维可牢"。无论是什么名字，到20世纪50年代后期一共生产出了6 000万码长的"维可牢"，它很快被用于社会生活的各个方面：密封人造心脏的心室；宇宙飞船在失重状态下用它来使内部物体维持在原有位置；扣紧连衣裙、尿布以及鞋子。

尽管"维可牢"取得了巨大成功，但它并没有使德·梅斯特拉尔停止发明更好拉链的梦想。虽然拉链自身仍然存在缺点，如偶尔会被卡住，但"维可牢"更明显的缺点随着应用领域的扩大而暴露。例如，在红外线照射下无论它有多么坚固，随着时间的推移，其材料会逐渐磨损，尤其是经过反复洗涤之后磨损更为严重。因此，其在婴儿尿布中的运用并没有与它早期的允诺相符合。虽然"维可牢"在打开或闭合时发出的声音无疑会和拉链的名字联系起来，但是人们认为打开它所发出的声音十分刺耳，令人烦躁。"维可牢"另一个问题就是体积庞大。反观金属和塑料拉链都已经向着越来越薄的设计方向发展，以至于很难应用到衣服上，"维可牢"纽扣生产出来后体积仍然庞大，尤其是当它用于薄的织物时。尽管如此，"维可牢"在专门运用中却保持着某种优势，它不会是紧固件开发的终点。

◎塑料拉链

金属拉链会刺到人体，而且还会出现因生锈而卡塞以及链牙脱落的现象，金属拉链的这些问题受到发明家们的持续关注，他们认为可以改进这个装置。实际上，作为一件商业产品，拉链在20世纪30—40年代日渐成功，到40年代末期，一年可以生产出10亿条拉链，但其缺陷也促使世界各地的发明家进行越来越多的思考。其中一位丹麦的发明家博格达·马德森构想出一个全塑料拉链的想法——这种拉链并不是将塑料齿或环或链牙附着于与之颜色协调的织物之上，而是完全由塑料制成，没有单独的咬合部分，但有一对长条可配对的凹槽。马德森的拉链不仅仅解决了漏针和卡塞的问题，而且还具有防水、防尘、密闭等附加功能。这样，塑料拉链的巨大潜在应用价值已远不限于服装工业，但是这还需要数年的开发和营销中才得以实现。

虽然发明家总是选择自己将发明开发成产品并结合自己的发明建立公司来生产产品，但是这些努力十分耗费资金，发明家也许并没有足够的资金，所以有些人也仅仅致力于花时间来从事自己产品的研发。马德森就是这样一个例子，他将塑料拉链的版权卖给了一些英国投资商，而1951年，这些英国投资商又将美国和加拿大的版权卖给了来自罗马尼亚的一些难民。马克斯·奥斯尼特的儿子史蒂文以及他的叔叔埃德加在纽约成立了一家名为"福莱西格雷普"的公司来开发塑料拉链这种新产品。但是首先它必须被开发成一种可靠的产品，于是这个重任落到了曾获得机械工程专业学位的年轻人史蒂文·奥斯尼特的肩上。

由于此时人们已经很熟悉金属拉链在服装中的运用，"福莱西格雷普"的研发者第一重点就是改进他们的产品使其成为更好的衣服拉链。不像坚硬的金属拉链，塑料拉链毕竟柔软且容易弯曲，因此有望使用起来更为舒适。然而，塑料凹槽拉链在使用中容易扭曲和破碎，很明显，它还不能成为十分有力的竞争产品。在塑料拉链被推出之前，传统的金属拉链品种也可以在服装存储袋以及由乙烯树脂制成的同类产品中应用。然而传统的拉链用线来将其缝合进产品之中，产生的缝洞则起到了应力集中点的作用，从缝洞处开始撕破乙烯树脂，最终拉链的长度变得让人不能接受。这样的产品难以用针线进行修复，因此它很不受欢迎。由于塑料拉链可以通过热熔焊接到乙烯树脂之上，如此结合牢固而长久，因此完全有希望成为这些应用之中的理想产品。

直到20世纪50年代中期，当"福莱西格雷普"的产品被应用于一些处于稳定使用状态的产品时，公司意识到需要采取一些促进开发的措施。在公司旗下的产品——塑料铅笔盒和塑料公文包之中，后者在商务会议和学术会议上尤其受到欢迎，出席者可以用它们来携带各种收集起来的文件和项目计划（1955年，艾森豪威尔总统在白宫接受访问时用的就是一个配有塑料无齿拉链的文件夹，在受邀出席即将举行的美国机械工程师学会会议时，他也使用了这种文件夹）。在20世纪50年代早期，不同于乙烯树脂试验，奥斯尼特察看了塑料所做的试验，自"福莱西格雷普"公司成立之初，人们就谈到挤压式纽扣采用的是诸如尼龙和聚乙烯之类的材料。后者连同聚乙烯薄膜都能被用于密封和防水的包装装置之中，这种包装在储存物品时可以打开和重新闭合。

20世纪60年代早期，奥尼斯特为塑料袋的顶部申请了一系列与塑料纽扣相关的专利，从而提供了一种方便的可装小物品以及其他物品的存储袋。他的想法从塑料拉链的打开方式中得到修正，这样在实际应用中会更为有效。

塑料拉链的日益快速发展降低了拉头在使用中的作用，开始朝着直接用手指的力量打开和闭合存储袋的趋势发展（图4.9），因而也减少了拉链的体积、成本以及制造的复杂性。奥尼斯特早期的专利显示，存储袋拉链部分和袋子本身明显是两个不同的结构，这就意味着拉链的生产将作为一项单独的生产工艺，拉链采用热熔焊接的方式添加到存储袋上，可以想象这种工艺会使袋子材料卷曲和扭曲并带来一些使用上的难题，这些难题必须得到解决。尤其是为了适应热熔焊接过程以避免留下漏孔或者防止其他工艺破坏原料，与拉链连接的袋壁和袋条需要加工得更为厚实，因此也就额外增加了成本。而这些预防措施往往需要存储袋至少有3~4密尔厚（1密尔=0.0001英寸），但是有另一种制造袋子的方法可以让它只有1密尔厚。

这种方法是可能实现的，日本的发明家角田内藤就研究出一种方法并对其申请了专利，据此方法，拉链封口的组件作为塑料袋的一个完整部分而相对整体突出，如图4.10所示。塑料袋由事先在其圆周固定有拉链组件的长中空管通过吹塑的工艺从挤压机中制造出来。在圆管被压平并与拉链部件配对和转动到集鼓上之前，它们需要在空气中冷却才能凝固成塑料。而袋子本身则通过展开的扁平圆管，在所期望的地方打上切断印记，然后将它切断成袋子大小的长度，经过热封而制成，如图4.11所示。拉链开口的顶部可以不用切割，以便能够进行穿孔或者在穿孔时进行切割。拉链启齿的底端也可以用自动机器切割以便能加入填料，完成以上程序后便可以用热封将底端重新闭合。内藤的专利转让给了日本东京的一家名为Seisan的株式会社公司，这家公司利用该项专利所生产的可密封式塑料袋，其成本只有由热熔焊接单个挤压式拉链制成的可密封式塑料袋成本的一半。

1962年，奥斯尼特的公司获得了日本人所发明的制造工艺在美国的版权，于是公司重新命名为"迷你格雷普有限公司"，它成为美国第一家生产附有完整微型拉链的挤压式塑料袋的公司。然而，起初制造商难以采用这种袋子来包装自己的产品，部分原因是由于它是非传统型袋子。（新产品被拒

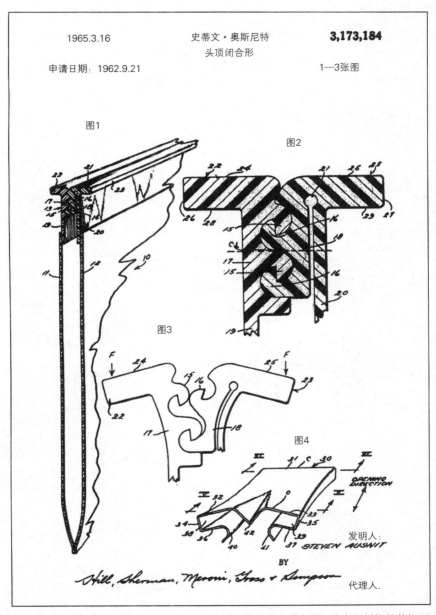

图4.9 史蒂文·奥斯尼特的许多塑料拉链专利中的其中一项专利，这条塑料拉链的打开和闭合可以通过机械拉头完成，也可以手动完成

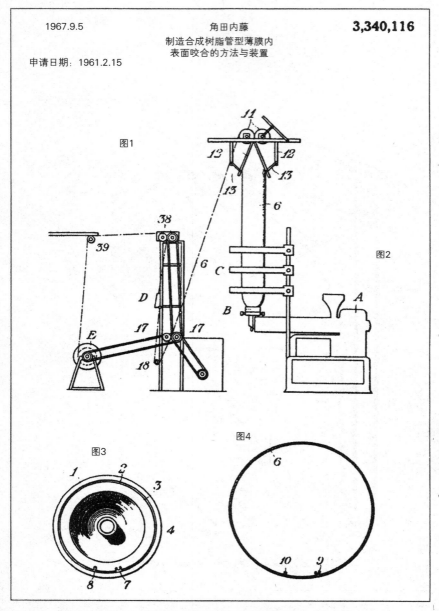

图4.10　角田内藤在美国申请的制造完整塑料拉链的管型薄膜方法的专利

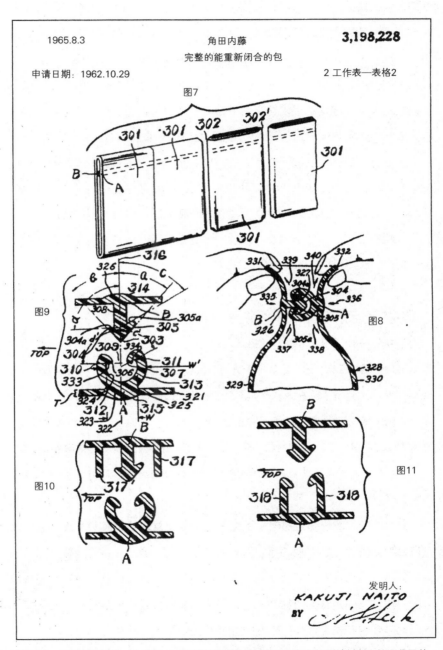

图4.11 内藤申请的另一个专利，展示了受挤压的管型薄膜是如何撕裂填料以及切入袋子的

绝的现象仅仅是因为它们与其所替换的产品完全不同，往往很难进入工业设计的视野，而成为设计的牺牲品。这在首字母组成的缩略词——"MAYA"中得到充分体现，它代表着"最先进同时可被接受的"。）例如，当这个新式袋子被推荐作为唱片理想的、可重新闭合的无尘外包装时，唱片业的代理商则拒绝了它，这是由于代理商们不相信唱片购买者能了解这种包装，购买者会割开或者撕开包装，从而破坏其相对昂贵的可重新闭合包装的功能。

除了自己制造和销售可密封式塑料袋以外，当"迷你格雷普"公司将独家生产许可证授予给陶氏化学公司以使自己的产品可以直接通过超市卖给消费者时，公司开始绝境逢生。这种便利的产品随后被称为"密封塑胶袋"，它的成功有助于"迷你格雷普"公司出售更多耐用的塑料袋给商业以及工业上的用户，从而保留住了塑料袋的版权。

◎ 它是可重新闭合的，但是它是闭合着的吗？

早期的塑料袋用户所经历的困扰之一就是不容易确定它们什么时候处于牢固的闭合状态。因此，一个竞争对手引入了这样一个想法：使塑料拉链的两边闭合起来就能呈现出不同基本颜色的条纹，一种条纹是黄色，一种条纹是蓝色，当它们正确地配对达到良好的密闭状态时，就会产生一个颜色统一的绿色带。这种有用的改良不但可以取得专利权，而且还提供了一种非常有效的营销设备。

你能想到更简单的其他改进措施能紧闭塑料袋吗？能更容易地了解它们是否已处于闭合状态吗？

密封塑胶袋的成功自然吸引了竞争对手的注意，他们对基本设计进行改良以确保获得独立的专利。随着所有人工制品的发展，针对这些新专利的争论都集中于找出现有专利的缺陷。具有讽刺意味的是，可重新闭合式塑料袋成为厨房和车间里常见的物品之后，并不是如何打开这种塑料袋，而是如何正确地闭合它们成为制造商和用户共同关注的焦点。

但是，并不是所有潜在的竞争对手都在寻求新的专利以作为进入市场的一种手段。尤其是中国台湾以及其他远东国家的制造商，毫不理会奥尼斯特以及迷你格雷普公司为保护自己的投资而系统地获得的专利。例如，来自台湾的塑料袋以低廉的人工进行生产，它不必收回研究、开发或者获得专利许可的成本，而这些成本又很正常地与新产品的开发有着联系，因此它的出售价格能比迷你格雷普公司产品的成本价低很多。在如此不公平的贸易案例中，公司可以向国际贸易委员会法院上诉，迷你格雷普公司就曾做过，尽管这样的上诉很少会得到支持，但在这个案例中，国际贸易委员会法院颁布了驱逐令，基本上禁止了生产塑料袋的外国竞争对手对迷你格雷普公司持有专利的侵权行为。

这些关于最初的拉链、"维可牢"、塑料拉链、可重新闭合式塑料袋的故事来源于每一件产品跨越多年的历史，并向我们展示了一个专利的概念性设计要经历多长时间的艰辛发展。这些案例的研究也表明一件产品的成功是如何促发许多衍生性概念的孕育和发展的，衍生性概念的孕育和发展反过来又促使其他产品的成功。

5 铝制易拉罐及其设计失效

想要综合所有工程技术的概念是一种失败的理念。从最简单的回形针到最坚固的铅笔芯，再到最流畅顺滑的拉链，只有它们的创造者能正确进行失效预测，发明才算成功。工程设计师在开发电脑、飞机、望远镜以及传真机的过程中几乎每一次计算都是在进行失效运算。在对悬臂梁的分析中，伽利略甚至是通过假设它在怎样的情况下断裂或失效来开始他的实验。如今，在设计悬臂桥时，工程设计师必须认识到每一个钢构件在解体或屈曲之前能承受的最大安全载荷，以及在桥中心可以允许有多少挠度。

这样的考虑从一开始就被明确称为失效准则，无论这件人工制品是一座桥梁、一幢建筑，抑或是一个易拉罐，设计师总会提供产品所能承受的极限数值。当工程设计师在计算一项试验性设计的受力和挠度时，每一次计算结果只有在对比失效的标准后才能得到其意义和可行性，这些标准可能要通过在实验室对材料和部件进行仔细的实验才能确定。我们讨论的绝大部分内容都会以受力度与强度、形式与功能的分析方式表达出来，类似的说法同样适用于其他属性和标准，如热传递计算和材料的熔点，或者电导体的电压、电流及其安全值的计算。

工程设计师与技术员相比，其最主要的区别在于他们能够制订和落实有关力度及挠度、浓度及流量、电压及电流等计算的细则，这些都需要他们以书面的方式提出关于失效准则测试的设计报告。这种计算能力是指在构建和测试之前能够预测设计性能。通过理解被提出的设计如何以及为何失效，并能计算量化评估是否普遍存在失效条件，工程设计师能在任何钢梁被竖立起来，任何阀门被打开，任何开关被扭转之前借用图板或电脑来测试该设计。通过计算表明设计中的失效条件能使工程设计师反复修改设计，直到设计目标可以实现为止。

失效也可以以非技术的形式出现。一个设计如果在环境适应能力方面存在缺陷或者美学上不尽如人意，肯定是一个失败的设计。正如材料强度一样，这些标准在设计的开始阶段就应该加以考虑。确切地说，当一名设计师试图确定其特定的想法是否切实可行时，技术细节在设计的开始阶段起着决定性作用。

　　为了探索在成功工程设计中关于失效所起作用的更多细节，我们可以考虑比回形针或者铅笔更为复杂，比桥梁或者供水系统更为微小，比通过电线的电流或者电脑芯片等更具象的事物。我们所有人可能都曾经拿过铝制饮料罐，因此可以假定我们至少都对这一无处不在的产品有所了解，当铝罐装满碳酸饮料时，可以描述成一个高压容器而当它掉落或被摇摆时更是如此，同时就这一点而言，这个不起眼的罐子被精心设计成如蒸汽锅炉或潜水舱一样，能防止意外爆炸事故。成功的铝罐设计取决于了解它为何未能容纳罐内的液体，同时还取决于在它可能失效之前排除实效的诱因。碳酸饮料罐的安全可靠性，取决于它使用了强度足够的材料并进行合理配置，可以保证在一定力量范围内罐体的强度并避免罐子在不该凸起的地方胀出。但是所有工程设计都还有很多与经济学有关的工作要做，就像饮料罐，在使它们非常安全和可靠的同时，由于这样的设计和制造需要花费数十亿，还需尽可能减少成本，因为这样的设计和制造会以十亿计的批量生产。一个过于昂贵的饮料罐无法在竞争中生存下来，虽然这可能会被视为一种非技术性的失效模式，但它仍是一个失效模式。

◎铝制饮料罐

　　最早的食品和饮料罐子采用铁制，通常与它们自身所装食品重量相当。此外，其坚固的结构导致开启它时十分费力——第一个铁罐甚至在使用说明上标明开启它需使用锤子和凿子。随着更坚固的钢材的发展，罐子可以做得更薄更轻，但是依然很难开启，因此发明了专用的开罐器来使开启变得简便。铝，有足够的强度，不会轻易凹陷，作为食品罐头的材料它比钢材更昂贵，但是作为饮料容器又有另一种说法。因为软饮料和啤酒为铝罐增压，它们使罐体更坚固，从而使制造更轻薄（也就更经济）的铝罐成为可能。另一方面，受压下的内部液体反过来也要求罐体足够坚固，足以抵抗住压力，不至于让内容物喷洒出来。

一般来说，因为铝是一种比钢铁更有韧性的材料，所以铝能更直接和更有效地加工成容器。钢罐加工是一个耗时长、步骤多、工艺复杂的过程，由一个扁平的薄片弯曲成中空的圆柱，沿着其接缝处结合，最后加上顶部和底部。相比之下，铝罐可以加工成一个底部和面整体无缝的单面金属体（图5.1），只需要在填充满罐子后加上顶部。铝的这种成型性能，使其在大批量生产（加工数十亿个罐子）方面占据了明显的优势。

比较容易计算铝需要多厚才确保能承受饮料所产生的压力，同时利用这种压力来使薄壁变硬以防止压碎和凹陷。但是压力也往往易于使铝罐的平底鼓起，使它不能平放在架子和桌子上。因此，底部进行了向内中凹的造型特征设计，有点像拱坝对抗压力的方式，使得罐子可以借助平坦稳定的边缘来放置。正是因为有了这样一些创造性的结构特点，铝罐的设计成为一个兼容时尚与实用的创新。

第一代的铝罐采用一种尖锐的开启工具——也就是用通常被称为"开瓶器"的传统方式打开。当这种不可或缺的工具首次推出时，钢制啤酒罐的标签上印上了它的使用说明。之后，铝罐也相继被生产出来，它们不需要过多说明，而且也使用普通的开启工具，并没有让人们觉得特别的不方便，因

图5.1 铝制罐体的加工步骤

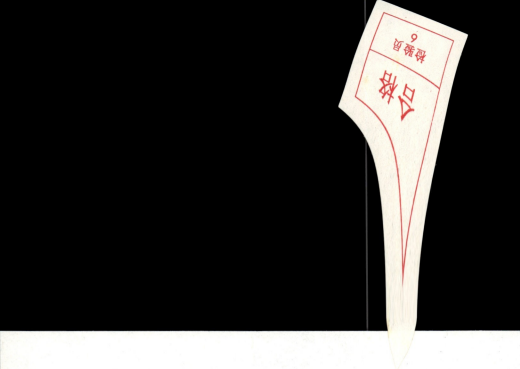

为人们对两个步骤早已习以为常：首先在罐子顶部用杠杆开瓶器戳一个三角形的孔，接着整个罐子围绕圆柱体的轴旋转180度，使第二个洞正好与第一个相对。罐子内的液体可以轻易地从一个孔洞中被倾倒出来或者饮用，同时也让空气进入罐子取代液体，从而提供了一个更稳定的流量而不至于溢漏掉一点液体。这两个步骤很快就被使用罐子的人所熟悉，他们开启罐子时几乎不用进行深入的思考，几乎没有人意识到它还能有进行设计改进的空间。

然而，必须使用开瓶器带来了一个问题，即一个口渴的人很可能面临开瓶器无处可寻的问题，像这样的小困扰和窘况引起了发明家和聪明的工程设计师的注意。一天晚上，俄亥俄州代顿市的艾马尔·弗雷兹在沉思，他在当天的早些时候发现自己野餐时没有带开瓶器，于是开始设计一个能依靠自身结构开启的罐子。他无数次意识到没有开瓶器将会是多么的方便，同时依靠其金属成形和评价方面的知识，弗雷兹能够针对这一问题提出一些优秀的改良方案。一天晚上他提出了一个当今为人熟知的顶部设置拉环或者叫作易拉环的想法，并在之后不久很快就完善了这一设计（图5.2）。

尽管大部分工程设计几乎不惜一切代价避免失效，但在开发能依靠自身结构开启的铝罐顶部时，出现了一个有趣的例子，即预防失效和有意造成材料失效这一矛盾性的设计目标在铝罐的设计上保持平衡。显然我们不希望一个饮料罐自行开启或者太容易开启，所以易拉环必须是一个稳健的设计。另一方面，我们也不希望当我们口渴难耐的时候需要用很大的力气才能打开它。罐子顶部适当深度的刻痕可以留出足够的强度来承受压力，同时为金属失效提供了首选位置（即拉开的位置）。附加在易拉罐顶部的拉环能有效地发挥杠杆作用（有点类似于一个小开瓶器）来放大手指的力量，并且引起顶部在可控的范围内失效。然而，由于罐内的液体在压力作用之下使得开启的过程比较复杂。

在弗雷兹早期的设计中，这个拉环是铆接到罐子的顶部，并且铆钉作为

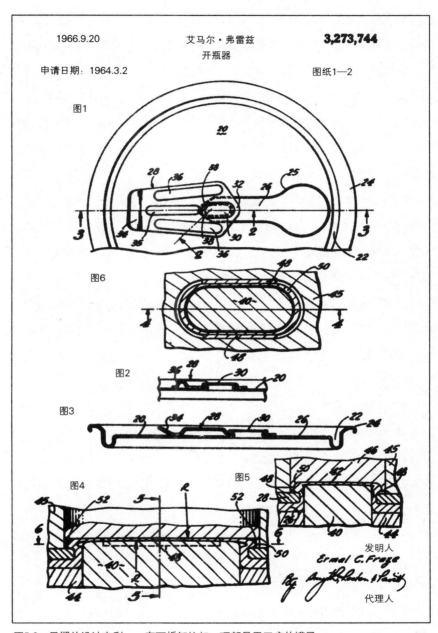

图5.2 早期的设计专利——有可拆卸拉扣，顶部易于开启的罐子

拉杆的支点。在早期的设计中，铆钉的位置是一个泄漏源头。另外，由于铆钉很容易就从顶部被拉掉，因而促使口渴的消费者急于寻求用开瓶器这种常规的方法来打开罐子。在其他情况下，当拉杆被挤压进罐子顶部破坏了这种加压密封的状态，瞬间冲出的压力会使顶盖飞出从而威胁到饮用者的安全。如此装置使用过程中的失效会促使像弗雷兹这样的发明家和工程设计师去逐步改进易拉环，直到它足够可靠并且在使用时不再有让人意外发生，由此它开始被广为接受。

一名工程教授用铝制饮料罐做了一个极具戏剧性的实验来证明失效模式的复杂性，这正是工程设计师们追求简约设计时需要经常面对的问题。他将一个未开启的罐子放进一个大的密封塑料袋里面，很明显是为了保险起见，再将罐子和袋子放在第二个密封塑料袋里。接着他将这个罐子放到测试机平台的重环和能移动的头部之间，以此来确定它们在失效达到临界点的力量大小，这种测试机器通常被用来压碎混凝土样本，也就是那种大卫·莱特曼在他的老节目《深夜》中用来压碎从灯泡到西瓜等一切东西的机器。

在铝罐的工程试验中，罐子边上的支撑环使得机器的压力并没有直接作用于罐子顶部和底部的中心部分，在测试的各个阶段都可以从机器里取出罐子查看损坏的情况。启动机器使其开始进入慢速运作状态，并在强有力的机器表面之间故意压碎罐子。在这些操作进行之前，学生们被问到他们认为罐子将会发生怎样的变化。换句话说，就是罐子将如何失效？各种各样的答案显示了铝罐的结构比悬臂梁更为复杂。而伽利略所面对的问题则要相对容易，但是在他的那个年代，要弄清楚墙上的悬臂如何失效远不是一个简单的小问题，显然很难彻底探究清楚。

然而，对于铝罐在测试机上的情况，有许多可能出现失效的情况，并且学生们通常能毫不费力地想出一系列精彩的失效问题。此外，随着测试的进行，不同的失效模式都能得到验证。其中较为明显的可能性有：①压缩液体的压力使罐子的侧面裂开。②顶部的压缩会使颈部挤压进罐子。③一个空罐子侧面出现褶皱的情况。④随着压力的增加，罐子底部会相应的鼓出。⑤罐子的底部裂开。⑥压力会使罐子的顶部拱起。⑦易拉环上的铆钉像压力安全阀一样喷射或裂开。⑧顶部在刮伤的地方裂开。⑨罐子在顶部和侧面连接的边缘开始泄漏。在不同的序列和不同的载荷作用下，不同造型风格的罐子很可能显示出不同的失效模式，就连塑料袋也可能以它们自己的方式失效，从而给围观者"献上"一次黏稠的淋浴。为避免这种突发情况的发生，最好将罐子和袋子放进一个巨大的有机玻璃圆柱壳内。

　　无论一个罐子在测试机上发生什么，可以确定的是失效的可能性是多方面的，并且通常都超出已确定的计算。这并不是说饮料罐制造商和其他厂家没有考虑这么多问题。随着铝罐已被广泛接受，钢制饮料罐便成为失败者（图5.3），长期以来，钢罐产业一直试图恢复其原有的主导地位，多年来，研究和开发旨在产生一种富有竞争力的钢罐，其中最棘手的问题是如何设计

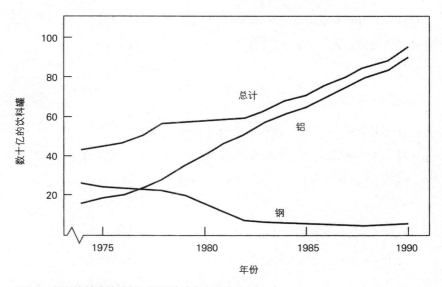

图5.3　铝制饮料罐的增长以钢罐的减少为代价

一个钢制易拉环，使它不会留下一个锋利的或锯齿状的边缘去伤害饮用者的嘴唇。一段时间后，钢罐的罐体被安装了铝制的易拉环，但是使得材料的分类回收工作变得更加复杂。

到1993年，钢罐像铝罐一样生产，在图纸绘制过程中，生产的钢罐罐壁薄到0.002 5英寸，厚度不如一张复印纸。即使这样薄的罐壁，其"柱载荷强度"或者说踩上去能粉碎一个满罐子的力度，是340磅。同时，其"圆顶反转强度"，即从顶部到度都对其施压，其承受力作手压每平方英寸100磅。即使有了这些改良，每年装船运输的总计1 000亿个饮料罐中，只有一小部分大约30亿个是钢制饮料罐，而约有97%是在美国制造的铝制罐子。

饮料罐的设计运用了计算，甚至更为复杂的工程系统，为评估失效准则是否满足要求提供了定量的起点，并指导应对发生不可逆转的行为变化。例如，计算出罐内液体所承受的最高压力，可以计算能承受这种压力的最薄的铝罐壁厚。要制作更薄的罐子不会从一个最有可能发生失效的地方开始，但是尽可能薄且能承受压力的罐子也许由于需要运输和储存而可能不会被市场所接受。此外还有其他一些失效模式（如上所列出的）和另外一些与使用罐子相关的原因，如当罐子被打开并且压力被释放出来时。

◇ 这是为你而设计

几年前，在一个流行的商业电视广告中，一个家伙用他的额头去对抗啤酒罐，他痛吗？无论这个罐子是封闭还是开启，那又有什么区别呢（这个问题只需要一个理论的答案，不要试图通过实验的手段进行研究）？

尽管铝制饮料罐必须设计成主要为了承受来自内部液体的压力，但是大多数被设计得有足够的强度（在打开之前）来支撑一个具有庞大身躯的人站在它们之上。这种行为是不是经常发生在联谊会或者诸如此类的地方？或者还有其他设计标准的原因吗？

由于打开（并因此未受压）的铝罐必须有足够的刚性以立起来放在桌子上，并且不会在拿到唇边时在手中压扁，因此，它的薄度是有限制的。我们都知道，罐子几乎已经是它极限薄度了，因为我们必须小心，不能握得太紧，否则它们的侧面就会扭曲，从而在我们手中发生变形。虽然这样的考虑可能不是严格意义上的强度和安全问题，但这显然是罐子使用时功能性舒适度的一个限定条件，这样的限定条件无疑构成了设计中必须考虑的另一个失效准则。

在建筑设计中可以找到一个相似的例子。人们可以建造比目前更高、更修长的摩天大楼，不仅可以很容易且经济地建造起来，而且没有任何崩塌的危险，但是由于高度和长条形的大楼具有弹性，这就成了实际操作中的限制因素。摩天大楼的顶部楼层过于富有弹性，就会仅仅因为一阵微风而摇晃几英尺，而且也会使咖啡溅出马克杯，电梯产生撞击并使人困在电梯井中，办公人员在办公桌前感觉恶心想吐。虽然没有发生像这种情形的戏剧性和灾难性的失效事件，但是这种建筑物显然没能从心理或生理上为使用者提供实际的办公空间。从整个工程学角度以及建筑的经济性和使用价值来看，这种建筑设计和那些不得不因结构原因而放弃的建筑物一样，都十分失败。

◎环境的失效

在20世纪70年代早期，饮料罐顶部的易拉环造成了明显的环境危机。无数个细小的、尖锐的铝制环状拉环被丢弃在道路边、公园里、沙滩上。除了产生的垃圾问题，这些拉环还会给人类带来不少身体伤害——休闲度假者因赤足而受伤；幼小儿童因误吞而抱恙。特别是在沙滩上，由于拉环太小，无法被住在海岸附近的拾荒者用标准的耙子找到，很多人的脚都被沙粒掩盖下看不见的拉环所割伤。有公德心的饮用者开始将拉环扔进他们一口喝完的罐子里。总之，对饮用者来说，被看作上天所赐的无上便利的开瓶器拉环技术结果却成为一个令人厌恶的麻烦。

易拉罐作为一种良好的饮料容器，在这点上很明显失败了，迫使发明家和工程设计师重新回到绘图板前。大量的解决方案包括阿道夫库尔斯公司开发的罐子，这种罐子上有一个小的铝制按钮，首先将它按进顶部打破加压密封，然后再推进另一个大点的按钮来提供饮用孔。两个按钮都在罐子顶部进行链结，这样既不产生垃圾也没有安全风险。然而，为了让罐子顶部正常产生作用，实际上就是在适当的时间以适当的方式裂开，这个小按钮必须足够小，以便全部压力施加在上面时不需使用太大推力就能打破密封的容器。但是较小的按钮会让推动它的手指感觉其十分尖锐，因此开启罐子可能是一个不舒服的过程。这些恼人的细节，还需要按下两个单独的按钮才能喝到饮料，如同再次使用开瓶器一样。现在所熟悉的易拉罐已经进化了，只需要一个铝制片状物的操作拉杆去打破压力密封，打开孔洞并折叠回来（但并不是折断）。

这种留置式拉环由在弗吉尼亚州里士满市的雷诺兹金属公司工作的丹尼尔F.卡迪兹克发明。1976年，他发明的一个带有连接拉环且能轻松开启的铝罐获得了美国的专利（图5.4）。这项开发帮了铝罐一个大忙，避免了铝罐因环境问题而在法律上被禁止使用。新的拉环被冠以"生态"拉环和"环保拉环"等各种称号，尤其是前者在20世纪70年代非常流行。雷诺兹金属公司改进的这种新型的留置式拉环铝罐结束了大多数与之对比而改进的新技术的发展进程。然而，就像大多数新技术一样，新罐子顶部的操作方式对于潜在的客户来讲并没有明显的需要，所以早期的促销罐上印制了开启说明，这与用开瓶器打开并印制使用说明的第一个罐子几乎相同。

在新产品的概念可以真正地卖给饮料公司之前，他们都想知道消费者如何才能接受它。因此，雷诺兹金属公司在佛罗里达州皮尔斯堡的10个超市里进行新罐子设计的用户调查，并在佛罗里达可可安一个类似市场的地方进行对照研究，在这里，人们只使用传统的罐子。通过询问购买者对不同类别的新型罐子的看法，雷诺兹公司得到这样的结论：留置式拉环"克服的主要缺

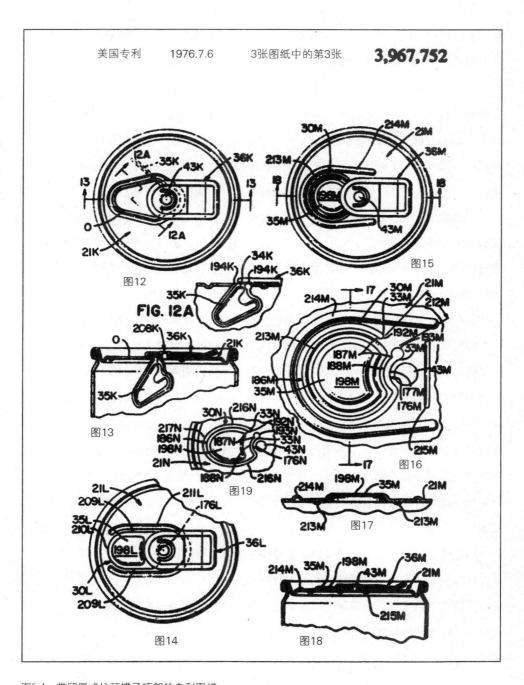

图5.4 带留置式拉环罐子顶部的专利图样

点是避免扔掉拉环。留置式拉环被认为更有利于生态环境"。这个结论和其他对照结果让公司对"设计的可行性和未来的成功"持乐观态度。

在卡迪兹克的专利发行后的16年里，包含了很多关于专利侵权的法律追究事件，通过雷诺兹金属公司和其他公司授权这种概念，近万亿个这种拉环被生产出来。仅是留置式拉环耗费的铝总计就超过了400万吨，这些拉环被再利用，同时进行了回收，而不是被丢弃在道路边和海滩上造成垃圾和安全威胁。与所有人工产品一样，这种当今流行的可打开饮料罐的拉环也有自身的缺点和功能上的失效，就如同我们能想象的无瑕疵产品一样，不过我们已经适应了这样的人工产品，它和大多数产品类似，我们几乎可以不假思索地进行使用。它并非完美，因此可能有更多的"弗雷兹"和"卡迪兹克"致力于新的发明，以改进老产品的缺点。

无论罐子怎样打开，将每十二盎司的苏打和啤酒包装入铝制压力容器时会产生垃圾，这似乎是对能源和其他非可再生资源的可怕浪费，它开启了一种制造垃圾的惯用行为。从引入铝罐开始，制造商认识到为了使他们的产品可以与制造钢罐的同行竞争，他们需要一个稳定可靠的金属回收罐来源，而这种金属回收罐是最具发展前景和最可靠的原材料供应来源。据说这种回收系统发展到现在已经非常有效，一个使用过的罐子上的铝在短短6个星期就可能出现在一个新的罐子上。现在每10个罐子中有超过6个被回收，所以铝用于饮料行业被认为就算不是可再生资源，至少也是一个可重复利用的资源。

铝的成本一直是推动工程设计师去寻找方法使饮料罐尽可能轻的主要因素。从20世纪70年代的中期到90年代早期，这种探求在业界被称为"轻量化"，探求促成了罐子的重量平均削减近一半。当然，减少罐子重量的一个显而易见的方法是使罐壁更薄。但是罐壁能做多薄有明确的限制，既需要足够的强度使封闭时能承受压力，又需要足够的硬度使其打开时能舒适地被拿在手里，因此仍要寻求罐子轻量化的替代方法。

　　减少重量最有效的方法是减小罐子的顶部尺寸。因为罐子的顶部肯定要比罐体厚才能使它在折叠和铆接后保持强度，并且顶部需要用大量的铝来制造。因此，在20世纪70年代中期，罐子的制造商开始稍微缩小罐体以便得到一个小直径的罐子顶部。由于罐子顶部的面积与直径的平方成正比，因此稍稍缩短直径就可以大量减少铝的使用。然而罐体不能减小太多，否则饮用者拿在手上会感觉不太舒适。为了能舒服地使用，要保证罐体的尺寸以及维持常见的比例，因此罐体在接近顶部时制作成锥体，以便让一个更小的盖子能安装上去。到了20世纪80年代，这种锥体已经变得非常明显，但也只能到这个程度了。设计不该让罐体看起来太标新立异或喝起来太难受。况且，还必须保证顶部的面积大到能足够包含一个开启拉环。

　　罐子的轻量化可以通过减少顶部直径使其达到实用性要求的最小极限，罐子生产商开始寻找其他方式来降低制造一个罐子需要的用铝量，他们返回到减少壁厚的难题上。一个新罐壁设计诞生了。罐壁上的槽就像一个古典柱，起初被认为是审美方面的原因才有此设计。当它被发现还增加了罐子20％的强度时，它被作为一个新的手段来减少罐子高达10％的重量。然而这种带槽的罐子似乎在市场上没有好的销量，它在20世纪90年代中期只是昙花一现。

　　1996年，可口可乐公司宣布设计出了一款罐子的全新外观，如此设计则是为了外观而牺牲了轻量化。设计出的这种新轮廓铝罐有着波浪形的瓶身和更大直径的顶部，它旨在唤起对经典的绿玻璃可口可乐瓶形状的怀念。罐子上的两个小侧面形成的强度可抵抗内部压力，并且罐身的线条可使饮用者无须花多大力气便能握住罐身。早些年前，日本制造出一种类似于波浪状的、带有铝制拉环的更大的钢罐以用来封装札幌啤酒，当时日本的消费者还习惯于从玻璃瓶中饮用这种啤酒。尽管其是非传统的形状，但是札幌罐在日本并没有受到好评，而现在只用于出口。新的可口可乐铝罐是否能够成功，同样也取决于文化因素。

　　虽然工程设计有许多维度，但失效的概念却广布于这些维度之中。了解一个罐子作为压力容器是如何在结构上失去效用的，这只是工程设计问题的其中一个方面，它还与生产和销售轻的、廉价的、方便的饮料容器有关。通过观察这些容器如何在美学、生态环境、人体工程或其他任何方面可能产生的失效，我们可以更好地理解各式各样的工程设计领域，而在这些领域中，工程设计问题肯定会被构想出来，并得以攻克。

6 传真及其网络系统

可靠拉链的技术发展是一项纯粹且持久的工程设计过程，并且还需要稳定的财力支持和耐心的投资者。许多发明都在同样的困难和不确定的开发周期中幸存下来，事实上大部分的复杂问题在于产品不能被推向一个对其还没有准备的市场。因此就如同电灯一样，没有可靠和有效电力供给灯泡就毫无用处，显然灯泡的发光依赖于电力的有效供给。托马斯·爱迪生意识到灯泡的灯丝必须具有高电阻。为了降低灯泡与供电网络连通的成本，这促使爱迪生寻求适合的灯丝材料。他测试并排除了数以千计的各种各样看似可行的材料，最终找到了电阻和白炽化发光的正确组合。当被问及为什么他经历了如此众多失败都没有气馁时，爱迪生回应说，每一次失败并没有使他灰心丧气，而是鞭策他不断探求新的信息，排除掉旧的不能用的材料。

从老式汽车发展而来的机动车，无论工程有多么优秀，技术有多么先进，如果没有包括桥梁、隧道等公路网的建设，它们就穿越不了水面和山脉，那么它们的功用就会受到限制。试想一下，如果全国没有一系列的加油站，机动车将会与现在有多么不同？再试想一下，如果没有广播或有线电视网络，电视机现在又会有多么不同？综上所述，伴随着新的发明以及发明发展而形成的创新环境下，都会有与创新技术相配套的系统和基础设施产生。事实上，个别的人工制品和配套的基础设施不久之后会与另外的配套设施相互依赖。因此，离开了机场的飞机几乎没有用处。但如果没有飞机，谁又会想到去建设机场呢？当然，在飞机发展的各个阶段，究竟是什么构成了机场建设的重要因素可能是需要界定的问题。刚开始时，基蒂霍克海滩沙地就有效地构成了莱特兄弟的全部机场。

技术系统的发展中，什么应该放在第一位？这个问题就好比鸡和蛋的问题。比如飞机，一旦昂贵的机场网络以及预订航班中保留座位的复杂网络出现在技术系统中时，飞机本身的技术变化就必须考虑到整个系统的运行。举个例子，如果航空工程设计师着手开发新的节能的大型喷气式客机，而他的新飞机需要一条比原来长三倍的跑道或是需要比现在航空港大得多的容量，那么他的设计就毫无意义。又比如建设新机场的跑道比现有的机场跑道还短或者比现有飞机所需要的候机区面积还要小，这同样也很愚蠢。

技术是一种广义范畴的概念，通常用它来描述某个物体、网络、系统以及包含其中的一些基础设施，我们将使用模式这一概念来理解它们，它们同时也改变着我们。技术的发展显然相互关联且日趋完美，工程设计师在其中发挥着核心作用，这将引领科技发展的方向。工程设计师们把基本部件设计成为功能产品，同时它们也必然会介入到与设计相匹配的网络和系统。仅仅一个想法，一个专利，并争取到财政的支持，那几乎不足以确保一项发明会成为当前技术的一部分。各种相关案例研究都证实了，总是需要有进一步的工程实施才能将美好的设想变为现实。因此我们可能会说，工程设计师不仅能影响技术发展，而且还影响着实现技术的应用。

这并不是说工程设计师控制着技术或是要对目前或者未来的科技负责，但他们确实自始至终都参与其中。每一件人工制品和每一次技术突破都是一段阐明工程设计奋斗的普遍本质历史，我们要完全了解一件物品的外观和功能，那就需要立足于了解其发展的时代背景、技术和文化的基础之上。

◎传真传送机

现在无处不在的传真机就是一个表明环境重要性的有趣案例。显然，发送传真只有当在接收端有一台兼容的传真机时才会是一件有意义的事。古代的信差或是飞鸽传书以及现代化的邮政系统都证明了这一点，长距离传输文本，打印文稿、图形化材料等现在看来都不是什么创新的想法。伴随着电磁现象的发现以及电报、电话的发明，使得文字以及图片等传输告别了依靠动物或是机械的传输方法。事实上，在19世纪下半叶，电报可以越洋传送到地球的另一端。电报局担任发送和接受信息的终端，再由像匹兹堡的安德鲁·卡内基这样年轻的信使将这些信息打印成文档。以前的信息传送有编码、传送、译码，然后再打印成纸质文件，再由信差将其投递到最终的目的地。大家尤其是发明它的人都清楚，这种传递方式有明显的优势。同样这个传送系统有个严重不足的问题，那就是图片或图形化材料不能被直接传送。这种技术的局限性为新的发明创造埋下了伏笔。

现代传真机的发展是一个漫长而具有启发意义的故事。1843年，英国将用电子传送图像方法的专利授予苏格兰一位名叫亚历山大·贝恩的钟表匠。贝恩是一位多产的发明家，他于1840年完善了电子钟，1841年设计了油墨打字机色带。他发明的兴趣在于电报机和电子同步时钟，这促使他准备观察如何让这两件设备的特征结合到一件设备之中，这样它就能收发图像资料。就如同许多早期的发明一样，贝恩的传真机如果用当今的标准来看显得十分简陋。须准备好有待传输的图解资料，将其以凸起的图像形式放置在金属块之中上，这与打字机键上凸起的字母倒像非常类似。一根触针扫掠过金属块表面随着凸起的图像上下起伏，从而中断并完成传输电路（图6.1）。在接收端的同步触针随后上下起伏，以此来达到复原图像的目的。在第二方向上以增量的方式重新定位传输块，全部图像就可以及时地复制出来。贝恩扫描图像的基本理念为现代的传真机所保留，但是他的第一次努力具有明显的缺点，这促使后来的发明家寻求简化他那台笨重烦琐设备的方法，并减少为准备传输图像而需要付出的努力。

在进行的首次改进之中，用锡纸来代替原本笨重、高成本、难以加工的铁板，他们用油墨将要传送的图案绘制在锡纸上。触针在锡纸上规律地运行，随着运动电流就会随之改变，信息就可以通过电子的方式传输了，同时通过触针并入接收电路，在处理过的纸上每次重现一个线条。1865年第一个采用这种成套设备技术的商业传真系统由阿贝·凯瑟里神父安装在巴黎和里昂之间。他与托马斯·爱迪生同样热衷于改进技术，他所要攻克的重点是保

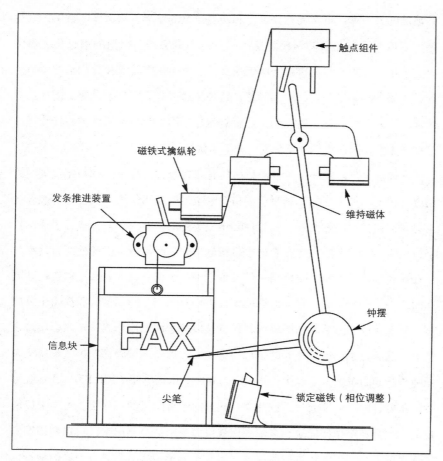

图中标注：触点组件、磁铁式擒纵轮、发条推进装置、维持磁体、钟摆、信息块、FAX、尖笔、锁定磁铁（相位调整）

图6.1　亚历山大·贝恩于19世纪发明的传真机

持发送和接收端的触针在方向上协调和同步，于是他在每一台机器上安装了
精心制作的齿轮和电磁钟摆，这样一来两台传真机在每次传输过程一开始就
可以保持同步。

使用触针的局限性在于它主要是一个开关设备，它可以很好地用于线条
和图形的绘制，但不能有效地表现图案中的黑白层次感，所以图像其实不能
完全有效地进行电子传输。19世纪末期，光电管被开发出来，这使得照片图
像可以被扫描然后转换成电子信号频谱，这样一来就可以传送灰色图案了。

另外还有一个优势是图像可以传输得更快，一名德国的发明家阿瑟·科恩于1902年首次成功地演示了该技术。电子照片的传输无疑对报纸具有明显的商业吸引力，他们因而愿意对这项新的技术进行投资，并且在1911年建立了一个连接柏林、伦敦、巴黎的光电线路。第一次世界大战后，横跨大西洋两岸的欧洲和美国间的照片传输于20世纪20年代建立。20世纪30年代早期，发明家厄尔·奥斯汀致力于开发一种传真机，它足够小巧且个人能随身携带并可以通过普通电话线路发送新闻图片，于是他的研发工作得到了《纽约时报》的支持。

任何报纸出版企业产业链的薄弱环节之一是印刷和分销网络。后者尤其属于资本和劳动密集型，要求新闻在过时之前传递出去，这需要卡车车队和工人队伍来完成。报纸出版企业同样也很脆弱，它们很容易受到印刷和运输产业罢工的影响，所以一种技术规避手段对出版商具有很大吸引力。由此，20世纪40年代的40家电台通过特高频传输发送试验性的报纸，以保证能够全天候地将报纸传输到家庭和办公室的无线电接收机上。这项试验由于第二次世界大战的爆发而中断，战争结束后电视机的诞生导致人们放弃了报纸的商业传真广播。

战争期间，通过传真来给前线传送地形、天气以及照片具有明显的优势，因此这项技术在军队很有市场。20世纪50年代，西部联合电报公司不费吹灰之力便在商业上取得了成功。他们销售的桌面传真设备，使得任何人都可以不用离开办公室就能收发电报。然而，只有对于那些能保证业务交易量而愿意合理投资设备的客户，这种技术才具有吸引力。

最早的电报通过莫尔斯代码发送，人们通过听和写的方式来接收。电传打字机被开发来自动记录接收到的信息，早期的设备是将信息生成连续的文本行并记录在纸带上。它们被截断成一定的长度并粘贴成熟知的黄色西联电报格式，这在一些老电影中常常能看到。电传打字机后来发展成为一种也可以用于发送信息的设备，通过融合这一特点，并在线端插入键盘，信息就能以十分类似于打印页面的形式被接收到。电传机是电传打字机交换业务的简称（另一种简称是TWX），它是一种在电传打印机之间采用电话线路作为多通道导管进行数据传输的系统。这种如今在很大程度上被取代的技术仍能在继续列有西部联盟电报公司或者TWX地址的商业信头上发现痕迹，特别是那些比较个性化的商业信头，比如英国土木工程师学会使用的电传地址CIVILS。电报和传输服务合并于20世纪70年代，此后不久传真号码就被添加到了信头，在多数情况下取代了还是老技术的数字和字母。

虽然传真发送相对粗糙且运作缓慢，但是在传真机如今成为家喻户晓的设备之前的很长一段时间里，传真发送却是经历着长期的专业化运用。为什么一个世纪的工程和技术进步并不单单足以让系统更为广泛地得以推广，在这一点上对其进行了解极具启发意义。用现今的标准来衡量的话，那时的打字机和电话很粗糙，然而它们的业务范围遍及每一个大小场所。

◎电话网络

至少在美国，传真机并没有如预想那样被广泛地纳入办公活动中，这是由于直到20世纪初有效的通信基础设施才得以发展起来。电话系统有着有限的垄断地位，在美国，电话和电报公司控制了广泛的网络电话和电话线路。客户甚至没有自己的电话，他们只能向美国电话电报公司（简称AT&T）租用，大家熟知的贝尔系统，除了电话公司的设备之外任何设备都不能被加进他们的线路。20世纪30年代，AT&T决定不再通过他们的电话线路发展有线传真或者其他的传真业务。自从AT&T成为垄断公司，这些用于传输数据的设施是不容易被独立发明家、工程设计师或是其他的公司使用。这就是为什么报纸早期的传输实验使用超高频无线电波作为传输介质的原因。20世纪60年代末，监管美国电话网络的联邦通信委员会决定允许非贝尔系统的设备使用既定的公共交换电话网络（PSTN）。20世纪70年代初在日本采取类似的措施，这意味着传真传输现在有了可供其使用的洲际通信基础设施。因此，电子公司和它们的工程设计师们开始重新燃起对改良型传真机研发的兴趣，这种改良型传真机可以通过公共交换电话网络经声音耦合器进行链接，这样模拟数据就如同声音传输的方式一样进行传输。

然而，竞争总有其消极的一面。越来越多的电子公司受到免费进入电话网络的驱使，很快引进了过多不易与市场上的其他设备兼容的新设备。就商业而言，那些希望投资传真机的商人想将传真机应用到需要发送传真的所有其他商业活动中，然而在任何两个各自购买的设备之间进行通信就又回到早期传真技术发展所面临的问题，那时两台设备的设计如不能匹配则无法工作，不解决这一问题，大范围的推广就成为一种理想。

如果每个制造商完全无视他人，那么在自由市场中传播的技术很难有效进行下去。客户希望能够得到相互匹配的产品和便于更换的配件。然而，当一项新的技术被推出时，不同的制造商诉求相似但处理技术细节的方式却不相同，这种现象屡见不鲜。比如说第一支灯泡，当时没有任何的标准，但现在我们期望不同品牌的灯泡都具有相同的螺纹，以便我们使用时可以任意互换。同样，我们可以通过确定直径来买铅笔芯，而不用担心买来的0.5mm的斯奎普托铅笔芯是否能够适用于派通自动铅笔，反之亦然。这种结果的产生是由于同类产品的制造商商定以标准尺寸进行生产并满足常见的性能标准。当制造商们不能自愿地达成这样的一致意见时，政府监管机构就可能参与到所谓的标准化发展中来。

几乎每一个手持计算器上的数字小键盘和计算机键盘中较大的数字被编排在较小数字的上方，然而按键式的电话机的小数字是在键盘的顶部。什么能解释这两种不同的编排方式？频繁交替使用计算器和电话的用户是否会发现这种不同的编排可能是一个严重的问题？

Calculator			Telephone		
7	8	9	1	2	3
4	5	6	4	5	6
1	2	3	7	8	9
0	·	=	*	0	#

　　使事情更糟糕的是，不同的计算器最下面一排有很多不同的编排方式，甚至是不同的按钮，美国以外的一些电话上的"*"和 "#"键是相反排列的。这就带来一个问题：对所有数字按键进行标准化的编排是否合适且切实可行？

　　不像数学中的问题，数学问题几乎总有一个独一无二的答案，在工程技术中的问题会有很多不同的解决方案。因此，有很多方法为电子设备提供便携式的电源，于是我们有大量的不同尺寸和配置的电池，更不用说输出电压的大小。然而当你试着为你的便携式计算器购买一块电池用于更换时，你会发现这是一件很麻烦的事情，电池似乎不容易被更换上去，因为成熟的计算器公司不可能为一块电池而重新设计他们的计算器。销售电池的商家当然希望尽量减少备货种类，大量改进了的产品确实能占用更少的空间。所以处理如此多的电池远比处理一件大事情更为麻烦。

　　相比而言，电影的录影带比电池更加昂贵，存储它们需要占用大量的空间。20世纪80年代早期，两种不同的盒式磁带录像机（简称VCR）为了争夺市场而相互竞争，它们是Beta[1]和VHS[2]。用于Beta盒式磁带录像机的盒式磁带在长度上比用于VHS的盒式磁带短一英寸。在其他方面Beta的尺寸也要小一些，这就意味着VHS的磁带在体积上要比Beta的大30%。当时普遍认为Beta可以提供更好的画面质量，但是索尼不允许其他任何人使用他们拥有的Beta技术专利，所以VHS的录像带被更多的公司所销售。一时间影音出租店

---

［1］Beta：Beta系统是由索尼公司研制出的一种标清广播级录像机制式。
［2］VHS：VHS是Video Home System的缩写，意为家用录像系统。

更容易找到的是VHS的电影录像带和其他一些VHS的磁带，VHS逐渐成为了一个标准。消费者也希望能够方便地与他人交换磁带，一般说来都不愿意去处理磁带的兼容问题。这样一来，相对冷门的Beta录像带就基本从市场中淘汰，到20世纪80年代末期，只要是录像带盒子以及能插入录像带的盒式磁带录像机基本上就意味着使用的是VHS技术，至少在美国是如此。

◎传输标准

　　传真机显然需要相互之间传输信息。一个拥有传真机的公司需要其所有的分公司或办事处使用同一品牌的传真机以便他们之间可以顺利地通信，但是如果传真机相互之间不兼容就会使往来于公司之间的通信受阻。早在1968年，不同的传真机制造商就共同的技术参数达成一致意见并确立了第一个传真传输标准，从此传真机之间就能相互兼容。如同电话机一样，传真通信是一个国际化的问题，所以联合国通过其子机构国际电报电话咨询委员会（可称为CCITT，因其是法文的官方名称Comité Consultatif International Téléphonique et Télégraphique缩写）颁布一项标准，它指定一个模拟频调制传输方案。根据1968年的标准，预计在6分钟内传输11英寸纸张大小的$8\frac{1}{2}$，水平和垂直方向分辨率都为100点的信息。

　　在标准被制定成文时，技术标准详细说明了最低限度的要求，技术标准并不限制生产企业追求性能等级。所有技术工件的发展作为新的方法都会被发现并能不断发展以弥补现有技术的局限。比如传真机，它接收的信息传输速率和分辨率具有明显的局限性，更不用说早期那些高成本的传真机。工程师继续致力于解决这一问题以使自己公司的传真机在市场上具备竞争力优势时，1968年制定的标准开始显得太过保守。只满足这些标准的传真机后来被称为一代机。1976年二代机有了更多更严格的标准，其中之一就是同样100×100分辨率的信息模拟传输只需要三分钟。

　　20世纪70年代末，美国的生产厂家对模拟传真机的销售大多并不满意。他们认识到，在新技术中大量的资本投入不会得到非常好的回报，所以他们选择不像日本那样去追求数字传真技术的发展。这一情形与美国一些生产铅笔的厂家很谨慎地选择不发展细线自动铅笔的技术一样，它不仅是一个投资回报的问题，而是人们担心较新的产品可能与老牌木套管铅笔市场的竞争问题。因此日本公司开发了美国人发明的自动铅笔技术，最终在美国销售的自动铅笔几乎全是日本公司生产。然而有意思的是，虽然日本生产的自动铅笔在美国如此大受欢迎，但却并没有明显地削减木质铅笔的销量。

　　就传真机而言，日本发展数字传真机技术的积极性远远大于美国，日本并不只是为了争夺市场，而是出于文化因素。由于日语语音符号的多重性以及采用表意字符书写，并不容易通过电报、电传系统进行编码传输。首先看到这项技术在日本和中国市场的潜力的是托马斯·爱迪生，这激发了他对传真机的早期研究。

　　20世纪70年代，由日本国家电话公司赞助设立了世界最大的传真研究实验室。为了促进全国传真产业，日本政府强制生产厂家采用国内和国际电话业务通用的通信标准，资助其研究并要求政府部门购买他们的产品。20世纪80年代国际电报电话咨询委员会（CCITT）为第三代传真机制定了新的标准，第三代传真机中的数字编码压缩了需要传输的数据，因而使得一页纸的标准传输时间降到了1分钟之内。新标准分辨率变成了每英寸水平200点和垂直100点，还能达到精细分辨率200×200点/英寸。有关会话协议，也被称为"握手协议"达成的详细信息建立了两个设备之间如何传输数据的标准，同样这也包含于新的标准之中，20世纪80年代末期，方便的数字传真技术得到很好的完善，并以非常快的速度发展起来。

　　第三代传真机不仅仅在普遍的通信传输上更好，而且使用起来也更加容易，更为愉快。数字化和计算机芯片技术使得在发送和接受的传真机之间建立通信协议的工作中更为自动化，而且热敏印刷技术可以容许使用相对便宜且无气味的纸张，从而取代在模拟机器中常使用的昂贵且难闻的纸张。科技的发展造就了传真机，那些容易坏的设备都被用于收发室由专门的雇员操作，办公室的每一个人在每个地方都能公开使用这种新式传真机，它的用户接受程度也更高。事实上，自从有了更新式的传真机，尤其是采用了很多技术，这与复印机中蕴含的技术一样，在紧急情况下，传真机可以发挥双重功能——能作为便捷复印机使用。

◎社会和文化因素

促进传真机被接受和使用的其他重要因素是一些额外技术或社会因素。20世纪80年代中期，得益于一部分非常有效的电视商业广告活动。联邦快递扩展了一个无处不在的"隔夜送达"业务。事实上，"联邦快递"这个词一般几乎都被用来代表迅速交付服务。1984年，在每一间办公室都有传真机之前，联邦快递机构对快递服务进行了大量的投资，这种服务被称为"专递邮件"，通过这种服务，文件的传真副本能以闻所未闻的速度进行传递。具有讽刺意味的是，联邦快递对传真技术的推销在出售传真文件的创意上十分有效，以至于最大的潜在客户自己购买了传真机并使他们的服务变得毫无必要。尽管联邦快递损失了3亿美元的投资，但他在"隔夜送达"业务中的巨大成功使其即使经历如此重创仍能继续生存。

20世纪80年代另一个普遍现象是人们更信任传真技术而对邮政服务越来越不满。人们在抱怨越来越多的传统邮件（狂热的电子邮件用户嘲讽地称之为"蜗牛信"）越来越慢且不可靠。信件常被说成是丢了或是根本没有投送。同时，办公室中复印机的存在和使用已经使办公室的职员更习惯于使用复印机，他们将文本放入机器，然后按动几个复印机按钮就可以开始工作。很多新型传真机的外观和操作更像是复印机，所以人们使用起来更为轻松，于是新型传真机未曾受到抵制就顺利进入到办公室日常工作的使用中。传真一封信就像是远距离的复印。1987年，从日本出口的传真机首次超过了日本国内消费的传真机。此外，在过去十多年的时间里，也就是自1980至1992年，传真机的成本下降至最初的1/30，这就使得小型企业甚至是个人都能够担负其费用。

文献记载在20世纪90年代初，超过600种不同品种的传真机可供消费者使用。仅仅在美国市场，传真机从1985年的50万台增长到1991年的600万台。

20世纪90年代中期，个人电脑通常配备传真板，这样传真电脑生成的文档给需要输入数据到另一台电脑的用户之前，不必再将电脑生成的文档打印出来。因此，联机传真如承诺的那样大量减少了办公室中纸质文件的产生，个人电脑本身和传真机都还没有成功做到这一点。据估计，通过传真传输的页面数从1985年的15亿上升到1991年的170亿，6年间增加了一个数量级。美国和日本之间估计多达40%的电话通信都是用于传真传输。

◎传真机的进一步发展

在传真机开发方面，无论是独自工作还是团队工作的机械和电气工程设计师，都在传真机的发展过程中扮演了重要的角色，从笨拙、缓慢、使用难闻纸张的模拟设备到紧凑、快速、便于使用的机器，传真机变得如同复印机和电话一样为人熟知。例如，20世纪90年代早期，日立集团的研究人员和工程设计师团队撰写了名为《针对小型个人传真机的压缩技术》的论文，这篇文章曾发表于美国电气与电子工程师协会主办的《家用电子产品》学报。文章的六名作者由一位名叫丰田本田的高级研究员领导，他建议需要更多的自动化工程师而不是通信工程师，这六人分别来自公司的五个不同的部门：日立研究实验室、图像和多媒体系统实验室、设备操作信息系统、电信部门和机械工程技术研究实验室。论文中阐述了两个关于开发"小型化个人机"需解决的问题。第一个问题主要针对轨道，这明显是一个机械工程问题，另外一个问题主要关于电脑芯片，由于人们期望家用传真机发挥复印机的双重功能，因而要求生成的图像质量非常重要。

　　由于个人或家庭的传真机必须便宜和小巧，而且能输出高品质图像，所以机械工程问题集中于既要减少滚轴和电机数量，同时又不能严重影响到输出质量。大的机器包含两个电动机，一个电动机驱动处理待传输的复制文档的机械部分，另一个则在机器的印刷末端运行以接收文档和生成复印件（图6.2）。第一个电动机驱动三根滚轴，其中两根只负责输送文档到图像传感器，图像传感器的位置与压纸滚轴正好相对，它在传真过程中起着关键性的作用。这种紧凑型传真机由日立公司的工程设计师开发，它只用单滚轴向图像传感器输送文档同时支撑图像传感器，它还采用一个单独的电动机来驱

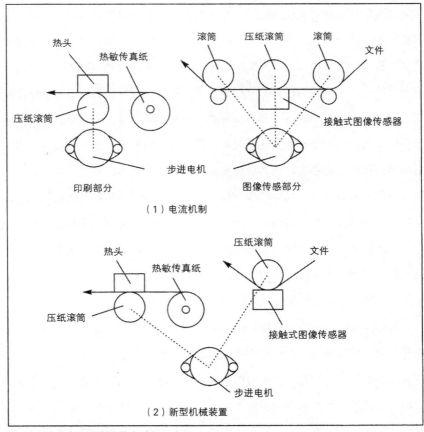

图6.2　用于个人传真机的电动机示意图

动输入和输出功能。这其中还有一些易于发生的问题需要解决，即单滚轴表面足够粗糙可以抓握并输送纸张，然而却容易沾染灰尘。于是这种新的单滚轴设置会变得更脏，传输的图像也会失真。这就需要研发一种新的电子手段来修正待读取的文档上的阴影，于是机械和电气工程设计师只能互相交流，共同寻求解决方案。

正如所预期的一样，虽然日立公司工程设计师的研究论文并没有透露他们是如何最终解决这些问题的细节，但可以料想在所有产业中，成功很大程度上取决于是否拥有具有竞争力的优势产品。然而，工业技术机密不会持续太长或是无限期有效。日立的新型小传真机一经发布，其竞争对手就可以如同消费者一样轻松地买到他们的产品。工程设计师通过拆解产品来学习如何解决问题，像小孩子一样，许多工程专业的学生也在从事这样的活动，并且许多工程师一生之中都在不断地通过拆解产品来解决问题。试着通过拆解竞争对手的东西来制造新机器的方法被称为"逆向工程"，它能立即显示出新式 "日立"传真机在减少电机和滚轴数量上的巨大进步。工程设计师要了解如何解决灰尘的问题需要多花些时间，但是竞争对手旗下的工程设计师也会适时地想到解决的办法，或者至少能明白问题所在并想出替代办法，也许还会有更好的解决办法（如果某样产品被申请了专利，当然就不能对其进行模仿生产）。这样市场上竞争的产品几乎都是很相似但又以不同的方式呈现出来。因为生产厂家必须保证他们的产品在"逆向工程"审查中绝不安全，而且他们也不能长期保持自身的竞争优势，所以研究、开发和工程设计师团队是所有活跃行业中的重要组成部分。

随着传真机尺寸的减小和价格持续下降，当图像可靠性和质量似乎在不断提高时，传输速度仍旧是一个问题，至少在某些生产商家和用户看来确实如此。日益复杂的编码方案要求更少的数据传输，因此需要减少扫描和发送页面花费的时间。但限制因素是9 600比特/秒，到达这一要求就可以通过公共电话网络运行。事实上，传真技术已变得非常复杂，当机器检测到一个嘈

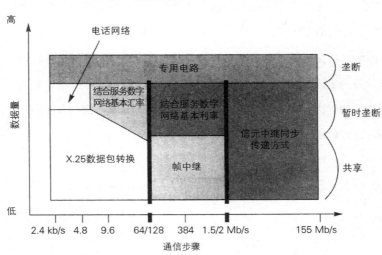

图6.3　综合业务数字网（ISDN）在其他方面的数据传输技术示意图

杂的电话连接时，它会连续自动降低调制解调器频率，7 200、4 800和2 400
位/秒，直到证明其中一个反馈的速率是可靠的为止。

　　传输速度的问题使得一项新的标准于1984年开始实施，属于这个标准内
的传真机被称为第四代传真机。在这一类别中，传真机被设计成能通过综合
服务数字网络（ISDN）通信的设备（图6.3）。然而，综合服务数字网络本身
并没有如最初预期那样被广泛使用，主要是因为本地电话网络与信息交换尚
未升级到综合服务数字网络的能力。十年后仍只有少量的第四代传真机被使
用。随着几乎所有新的技术或技术进步的出现，这种情况引起了怀疑论者和
反对者的注意，促使他们讥讽综合服务数字网络，说它代表着 "它仍然什么
都没做"和"我还是不需要它"。

　　这些字母是否可以代表"现在我肯定我行"取决于其他新的技术被开发

出来，而这些新技术的开发应该在综合服务数字网络得到广泛应用以及第四代传真机的成本降低到足以让它们具备充分竞争力之前进行。到了20世纪90年代中期，综合服务数字网络果然成为"界面用户友好的必不可少的数据交换接口"，发展前景看好。

如同传真自身的研究案例所表明的那样，需要什么样的新式替代技术可能不仅仅是一个技术问题。即使技术上最先进的问题也有非技术性方面的因素影响它们的解决方案。文化、社会、经济和政治的发展就像自然法则控制着电子电路和机械运动一样，成为技术发展的限制性因素。

7 飞机及其计算机辅助设计

像许多发明一样，涡轮喷气飞机发动机大体上也由在世界上不同地方的不同人中同时独立研究开发出来。在英国，一位名叫弗兰克·惠特尔的年轻学生着迷于采用喷气推进飞机的理想，并将自己的毕业论文定题为《未来飞机设计的发展》。1930年惠特尔申请他的第一个关于涡轮喷气发动机的专利。几年后，德国一位名为汉斯·冯·奥海因的年轻研究员也受到其导师的激励，开始对喷气飞机发动机产生浓厚兴趣。惠特尔和冯·奥海因所在的政府和军队最初对这一项目不太感兴趣，提供的支持也十分有限，他们在各自的国家引领开发工作，当第二次世界大战临近结束之时，喷气式战斗机终于开始翱翔于蓝天。1991年，经过他们坚持不懈的努力，世界范围内的飞机发生了质的飞跃。惠特尔和冯·奥海因获得了由美国国家工程院颁发的著名的德雷伯奖，他们是有史以来第二任被授予德雷伯奖的获奖者（第一任德雷伯奖得主是杰克·基尔比和罗伯特·N.诺伊斯，他们于1989年获得该项奖励，这是由于他们独立发明和开发了集成电路，而这一成果彻底改变了世界，当然也改变了航空旅行）。

战后的德国无力开发商业用途的喷气式飞机，但是英国有这样的能力并且将其应用于有前景的、有利可图的、革命性的经济远程航空旅行，其中包括横渡大西洋的航班。第一次商用喷气航空服务开始于1953年5月2日，提供服务的喷气飞机名为"彗星"，它是由英国哈维兰航空公司所开发。然而制造商的优势只是短暂地赢得了世界飞机市场，在差不多一年以后，一架"彗星"在加尔各答机场起飞不久后就在半空中爆炸。在过后的一年中另外两架"彗星"也遭受了致命的空中事故，致使飞机设计受到严格的调查。造成事故的原因最初被认为是飞行员过失和恶劣天气，但是最终认定为金属疲劳导致了事故。伴随着不断的起飞和降落，在高压作用下生成一个小裂缝，随着每一次起飞、降落的循环，小裂缝不断增大，最后在一次致命飞行的加压过程中整个飞机发生粉碎性爆炸，事前却毫无征兆（图7.1）。

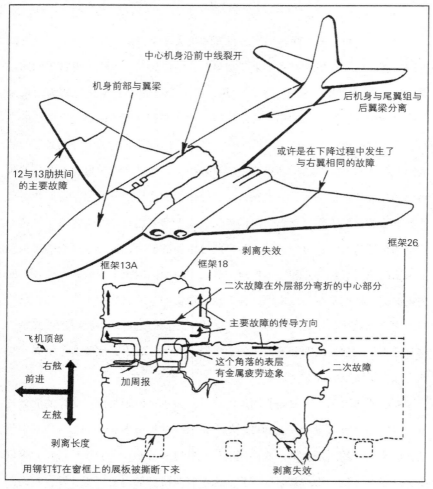

中心机身沿前中线裂开

机身前部与翼梁

后机身与尾翼组与
后翼梁分离

或许是在下降过程中发生了
与右翼相同的故障

12与13肋拱间
的主要故障

剥离失效

框架26

框架13A

框架18

二次故障在外层部分弯折的中心部分

主要故障的传导方向

飞机顶部

这个角落的表层
有金属疲劳迹象

二次故障

右舷

前进

加周报

左舷

剥离长度

用铆钉钉在窗框上的展板被撕断下来

剥离失效

图7.1　对于德·哈维兰"慧圣失事飞机"的改造

与铝制易拉罐必须能承受住压力或者压强一样，飞机也必须承受住施加在密封飞机机身上的压力或者压强。由于两者非常相似，因此飞机主体可以被看作一个圆柱形压力容器。因为铝制易拉罐一般不会受到周期性普遍变动的增压或是减压影响，因此在设计铝制易拉罐时并不考虑金属疲劳问题（虽然金属疲劳现象很容易通过数次来回弯折铝制易拉罐顶部的打开装置来进行验证）。然而，当飞机停在地面上，其舱门打开时它要承受来自内外部不同方面交替变化的压力，当飞机飞行到一定高度处于稀薄的空气中，将承受纯粹来自内部的强大压力，制造飞机机身的金属因而会产生疲劳。如同铝制易拉罐的拉环只能承受数次来回弯折一样，飞机金属蒙皮只能承受一定量的频繁变化的净压力所产生的循环交变应力。

因为很长一段时间怀疑金属疲劳就是导致"彗星"飞机坠落的原因，于是工程设计师们花了更多的时间来修正其设计缺陷，当航空公司需要用它完成相关航线时，公众却对该飞机失去了信心。当英国航空工业失去其首先拥有商用喷气式飞机的优势时，其他的飞机制造企业，尤其是美国，包括波音、洛克希德、麦克唐纳以及道格拉斯等开始着手研究开发自己的喷气式飞机模型（其中麦克唐纳与道格拉斯公司在1967年合并，并组建了麦克唐奈—道格拉斯公司），这些公司开始研发他们自己的喷气式飞机模型。他们的工程设计师们总结了"彗星"飞机的失败原因，而金属疲劳问题是设计所考虑的重点，因此在设计开发本公司飞机时，他们特别留意避免在飞机机身上产生危险的强交变应力。

多年来，波音公司逐步主宰了全球商用喷气式飞机市场，其原因主要在于成功地设计开发了高度可靠的波音707飞机。随着全球航空旅行的发展，燃油价格成为飞机运营成本中越来越重要的因素，各种相互竞争的商业喷气式飞机的开发策略是以提供更多客运量，同时在运营中更加节能高效为特征。其中有我们熟悉的DC-9和波音727飞机，以及后来的宽舱飞机，如DC-10，L-1011和波音747。

然而早在20世纪70年代，主导着商业飞机制造工业的美国受到来自欧洲空中客车工业公司的挑战，该公司是一家联营公司，英国、法国、德国、西班牙等国家政府给予了该公司高额的政府经济补贴。截至20世纪80年代年中期，空客公司在世界商业飞机市场上取得了显著的进步，为了保持在世界商用飞机市场上的竞争优势，随着世界经济转变，空中旅行模式也随之变化，空客公司一直不断地预测航空公司未来所需要的飞机类型。在20世纪末，这

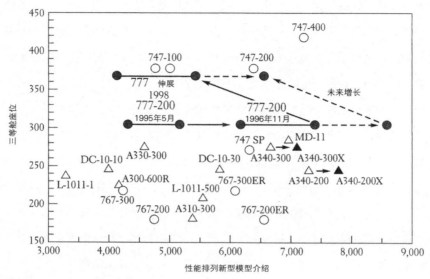

图7.2　飞机和喷气式飞机参数比较

种预测就意味着要特别注意发展中国家的需求，特别是那些太平洋沿岸地区的国家。在这样的环境下，波音公司于20世纪80年代中后期开始寻求设计和开发新型飞机来满足这种需求，像波音747和波音767这样的飞机已经不能满足需要（图7.2），他们决定开始设计著名的波音777飞机。

◎概念设计

　　新飞机设计和其他设计一样，总是开始于概念或是原理图阶段，直到某些基本想法确定并落实到图纸上或电脑屏幕上，就会有一个为飞机设计细节的团队进行小范围讨论以便最终完成实际的飞机实体。波音公司对开发以市场为导向的新型飞机很感兴趣：该公司将要建成的飞机在大小上弥补了波音747与DC–10 、 L–1011 等机型在竞争中的不足，波音747机型已经逐渐开始老化，最终无疑将被淘汰。因为在航空工业中，一个新的飞机机型需要花费至少四年的时间和大量的投资来进行设计、开发、组装、测试和生产销售，这是不容置疑的，因此航空公司在淘汰旧飞机之前就开始着手新飞机的研发是一个很好的决策。

在20世纪50年代开发和测试一架像波音707这样的飞机，其花费约为1 500万美元，而到了20世纪80年代中期，设计和开发一架全新飞机预计花费高达数十亿美元，这无异于让公司冒着倒闭风险来进行研发。起初波音公司想要扩展其现有767机型的设计，以安全、快捷、低成本的方式来增加座位的数量。开发一款现有飞机的扩展版相对比较容易，在机翼中间加长机身只是最小限度地改变了重心和空气动力学的基本设计。新型飞机被称为波音767-x，这意味着它是依据我们熟悉的可靠的波音767飞机的一个扩展版本，依据其配置，它的旅客容量在200人左右。然而与此同时，麦克唐奈—道格拉斯公司推出了拥有323个座位的全新麦道二代飞机，该机型是现代化的DC-10，拥有节能高效引擎，并计划于1990年投入市场。此外，空客公司也预计将于1992年推出其300座四引擎的A-340飞机，一年以后，空客公司又对容量略大的双引擎A-330飞机进行了改造，使其拥有更为持久的续航能力。

波音公司已经意识到即将面临竞争，更好的营销策略是开发一种可以更直接与其他新产品进行竞争的机型。因此在1988年下半年，波音公司决定将推出全新波音777飞机。一方面是新飞机构思，另一方面是用大约40亿美元交由公司去执行设计和开发。在航空制造行业，如果没有客户承诺购买一定数量的新飞机订单，航空制造企业是不会坚定地投入资金去进行新飞机的细部设计和开发。大约两年之后，美国联合航空公司成为波音公司的"启动客户"。这就意味着制造商将宣布投入数十亿美元去全速推进该项目。因此波音777飞机在1990年底投入了市场，而这时许多航空公司已经订购了数百架麦道二代、A-340s、A-330s等型号的飞机。

作为要跟上竞争的营销策略，波音公司在早期概念设计阶段邀请了八家美国以及海外公司参与其中，因为在这个阶段限定性因素很少，所以很容易适应客户要求。除了邀请的航空公司以外，还将产品推广给客户团体，主要包括全日本、美国、英国、国泰航空、三角洲、日本和澳洲航空，这些航空公司在一年的时间内接触了波音公司的工程设计师并表达了他们的需求。虽然没有人指望这些不同的客户（已经被统称为"八人组"）会在什么是理想中的飞机问题上达成统一意见，但他们还是对修订一个设计概念达成了足够多的共识，并以此作为详细工程设计工作的基础。其中最明确的共识是飞机机身应该比麦道二代或者是新空客的改良版更宽大。

　　飞机机身的尺度如同桥梁的跨度一样，只是一种概念性的设计，技术的可实现性以及成本将对项目产生深远的影响。只有当这个整体尺寸确定以后才能进行诸如强度、重量、空气动力学、供电要求等相关因素的详细计算。例如，在飞机机身结构研发中保持每个密封舱相互连接的压力与飞机舱的直径直接相关，同样与其直接相关的还有飞机飞行过程中的牵引力。要求的更大压力意味着需要使用更多或是更强的结构材料，而这些结构材料将转化为更大的飞机自重或者更多的制造成本。一架更重的飞机必然需要更大的力量来牵引，这就需要转化为更大的引擎推力。当然，也可以用降低客运量的方式加以解决，但是这又违背了扩宽机舱是为了增加载客量的初衷。简而言之，飞机客舱的宽度必须在设计过程的早期阶段，即概念设计阶段确定下来，因为太多设计的其他要素都取决于这一尺寸。

　　因为潜在客户发现了波音公司竞争对手的飞机机舱宽度存在缺陷，于是波音公司决定使机舱内部扶手与过道间的宽度大约比麦道二代宽5英寸，比A-330和A-340宽25英寸。这就带来了座椅安排的灵活度，也可能意味着每架飞机都有多达30位乘客的额外盈利。航空公司还发现很多现有的飞机设计和布置飞机舱室顶部的储存箱问题。波音公司提出一个顶部储存箱的设计方案，该方案在储存箱关闭时能够使飞机舱内部的空高更高，打开时又能使即便相对比较矮的旅客也够得到储存箱。虽然一些工程设计师认为那样的储存箱难以制造并会增加飞机的重量，但是"八人组"一致同意波音777飞机采用该储存箱。这种权衡在工程设计中经常遇到，然而什么是"最好"的设计决策并不总是单独由技术决定，在一些情况下，乘客的满意度处于优先考虑的地位。

受波音777飞机所需翼展这一实际情况的启发，美国航空公司提出了一个意义更为深远的设计创意，即计划将波音777飞机的翼展设计为约200英尺，大约比DC-10的翼展长出45英尺。这就意味着在不牺牲载客量或灵活性的情况下，波音777飞机将不能停靠在现有的机场登机口。由于机场已经很拥挤，放弃登机口这一停靠空间不是一个明智的选择，而且过于宽大的翼展相对于老机场狭窄的跑道来说也存在问题。美国航空公司提出将波音777的翼尖折叠以便于在跑道上滑行和登机口停机（图7.3）。虽然为节省航空母舰上有限的空间，翼尖折叠这一特征经常出现在军用飞机上，但对于商业飞机而言还是一个新的尝试，同时也不能说它没有自身的缺陷。就较小的战斗机而言，地勤人员可以通过外观和人工检查的方式确保在起飞之前机翼被机翼锁定装置牢牢锁死。波音777过大的尺寸会让这样的检查变得困难，精确的安全特性必须纳入设计中进行考虑，同时必须采取大量的预防措施以确保在飞机飞行

图7.3 波音777飞机的折叠翼设计

时，机翼锁定装置不会意外解锁。此外，使机翼折叠和锁定的结构与机械装置会大大增加飞机自重。不过，由于波音777不能适应现有航空运输基础设施，为了不失去将来的业务，波音公司同意将折叠翼特征纳入设计。

◎传统的飞机设计

一架新飞机进行详细设计的传统方法是：很多独立工作和一些团队工作工程设计师和绘图员分别完成飞机的不同部分和子系统。在波音777飞机上有超过130 000的独立部分需要进行工程设计，当铆钉和其他紧固件计算在内时，总数超过300万个零部件才能组装为一架飞机。波音747共由450万个零部件组成，需要大约75 000张独立的工程设计图纸才能详细说明。当然，这些数量巨大的工程设计图纸都必须保持相互的一致性，每一个零部件都必须能够相互配合在一起，各种电缆、电线和管道都不能彼此干涉。为了控制零部件和系统的兼容性，致力于某一部件的工程设计师必须要得到与该部件相关部分的工程技术图纸，因为在任何一个地方的任何一个改动都必然会对其他部分或是系统产生根本性的影响。这是一个漫长、艰巨和充满挫败感的过程，一位波音公司的高级制图员回忆道："要等几天才能拿到别人工程图纸的复印件，将这一副本附在我自己的图纸上描绘出相关部分。"即使通过仔细检查和反复核对，工程技术图纸之间相互干涉和不匹配的现象仍然频繁发生。

为了查找系统之间的不兼容性，需要建构有形实体模型，其中需要安装油管、配线、管道系统以及所有相关系统。例如，如果一根管子必须穿过某一管道，那么必须重新设计布线，这就意味着所有相关联的工程技术图纸也需要修订。制作有形样机十分昂贵，属于劳动密集型工作且旷日持久，这些都增加了飞机成本。

另一个大问题涉及在最后组装实际飞机时大量独立部件的协调性问题，并不一定所有的部件都会配合得相当准确。即便是零部件已经根据技术参数进行制造，各种分隔片还是不得不被塞入以解决飞机机身零部件不相匹配的问题。例如，波音747就使用了大约1 000磅的垫片，这不仅增加了飞机的成本和劳动时间，同时还增加了完全是计划外的飞机自重。波音公司在设计波音767时特别注意减少垫片，如果不能排除零部件不相匹配的问题，那么就必须使用垫片。

大概是最终图纸明确列出的增加零部件使预算开支很难满足设计和制造，额外的成本改变着部分账单。而这些增加成本并没有增加产品的价值，一旦飞机的价格被固定下来，制造商就会为这些额外的花费买单。名为全面质量管理（TQM）的管理方法在波音公司宣告失败，持续质量改进（CQI）的管理方法在整个设计流程中坚持高标准的协同和努力，旨在避免这些价格高昂的错误。

◎计算机辅助设计

为了尽可能地使波音777的设计效率更高，成本更低，同时实现高质量的设计，波音公司选择了"无纸化"的设计策略。这就意味着电脑将比以往任何时候都更广泛地应用于设计、测试以及制造等过程。波音公司前期计算机辅助设计（CAD）的经验非常有限，仅仅限于用此方法为波音767飞机设计引擎支架。计算机辅助设计比原计划完成设计的时间（24个月）提前了3个半月，同时用于设计的成本也低于传统设计方法。此外，费用高昂的更改设计的次数也随之减少并明显低于其他波音系列飞机的支架设计。用于这一令人瞩目的试点项目的CAD系统名为计算机辅助三维互动应用程序（CATIA），该软件由达索系统公司开发。达索系统公司是一家法国国有软件开发公司，并与IBM公司保持着密切的联系。

扩展CATIA系统的功能使其能够处理大量数据和用户的设计要求，以达到完全由计算机来设计波音777的目的，这一设想本身就是一个空前巨大的计算机工程设计问题。波音公司将该套系统安装在华盛顿的埃弗雷特工厂，主要用于波音777飞机的设计，聚集了超过2 000个终端（图7.4），全部将其连接在八台IBM最大的大型主机上。刚开始CATIA系统在ES／9000-720型设备上运行，但在预计设计需求高峰来临的1992年之前，ES／9000-720型设备被更为强大的ES／9000-900型部件所取代。在计算机辅助设计中图形处理尤为重要，但是它需要占有太多的内存资源，图形处理工作由IBM 5085和5086工作站在本机上处理完成。整个系统的内存需求高达惊人的3.5兆字节，如果将其存储在1.44兆字节的3.5英寸高密度磁盘上，将会需要250万张这样的磁盘，堆积起来足有5英里高。

参与波音777飞机的设计、开发和制造的团队成员多达238人，其中包括40名工程设计师，他们都需要存取所有的计算机数据。真正的无纸化设计意味着对独立部件进行设计的工程设计师能够调用所有与之相匹配的部件或是系统，其中它能与在超过7 000个工作站上被设计着的其他部件进行匹配，同时最终被传播到全世界超过17个时区的地区，而不是等待有形的技术图纸被复制然后再进行检查部件和系统的兼容性。为保证数据网络的高效、准确、安全，波音公司采取了铺设从华盛顿到日本的横跨太平洋的专用数据线路的措施。日本的航空工业企业，包括富士财团、川崎重工、三菱重工，负责制造大约20%的飞机机身结构。之所以将日本作为合作伙伴，不仅是为了分摊投资成本，更因为可以促使太平洋航空公司购买该飞机。

即使是最细微部件或系统之间的干涉，基于计算机的波音777项目设计软件也能通过一个名为"冲突"的电子预装程序进行确认。干涉部分将会有一片闪烁的红色区域凸显出来，每一个部件和负责设计它们的工程设计师名字都会出现在屏幕上，以便及时沟通并关注。可以肯定的是新开发的计算机辅助设计系统本身的可靠性，一些传统的飞机子系统的物理样机在早期的设计流程中建立起来。计算机系统非常有效地确定了干涉（图7.5）而没有必要进一步采用有形模型加以检验。至于装配的精确性，计算机辅助设计程序与计算机辅助制造程序（CAM）相结合，在这两个程序中，数字数据被直接输

图7.4 用于设计波音777飞机的计算机辅助设计工作站

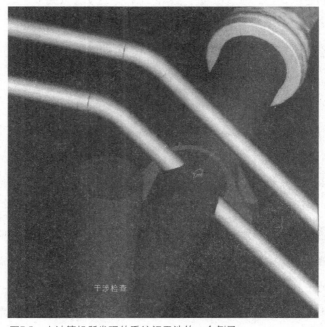

图7.5 由计算机所发现的系统间干涉的一个例子

入由计算机控制的加工设备，从而生产出一个直径为20.33英尺的机身组件，该元件沿着机身长度方向在垂直面上的匹配误差保持在0.023英寸之内，水平面上的匹配误差保持在0.011英寸以内，其精确度在万分之一以上，自然也就不需要垫片来进行装配。

在CAD、CAM以及能够容许设计师和制造工程师之间进行便利沟通实现以前，大多数技术企业，单个的零部件图纸被认为是"被丢弃在墙上"，如此便将设计和制造团队分离开来，有时会过于乐观地希望部件的技术图纸能根据实际情况绘制而与其他的零部件相匹配。这种目光短浅的做法有几个著名的例外，洛克希德公司的其中一个部门被称为"臭鼬工厂"，该部门设计师曾在同一栋大楼工作，但高度机密的设计决定了彼此并不交流而最后将所有的设计组合在一起。臭鼬工程主要负责设计诸如U-2侦察机、F-117隐形战斗机等绝密而高精端的项目。通过在尽可能早的设计阶段让设计师和制造者共享数据和想法，并让他们在同一个团队工作，以便让彼此都知道对方的想法以及对方能够完成什么工作，这样的做法能够使我们相信不匹配及其相关的问题都会在波音777飞机的设计中被消减，这样的做法和传统的预期有很大的差距，由于涉及竞争的问题，波音未曾确切说明过这一过程的实际效率究竟如何。

波音777飞机的制造引入基于数字计算机的"设计直达制造"系统后，制造过程中的另一个传统难题也被消除，除了产品零部件可以进行有形制造以外，如果还需要垫片来协调匹配，在实际中也只需要极少数，当然如果还需要的话。在过去，对于装配工人而言，当零件之间能够完美契合时都能给他们带来巨大的惊喜。之后，对于维修工人而言，当飞机投入使用时就能减少他们维修过程中的麻烦。在设计阶段，作为对飞机部分空间太小而不适合工人进入的一种预期性考虑，波音公司开发出一种被称为"CATIA-man"的模拟机器人（图7.6），这些模拟机器人被操作而游走于组装数字飞机的内部以保证留出足够供肘部活动的空间去完成相应的工作。

图7.6 开发用于检测人在制造和维修工作中可操作性的"CATIA-man"

◎遥控自动驾驶仪

电脑的作用并不仅限于设计和生产波音777飞机。这是波音公司第一架通过电子控制系统控制飞行的飞机，通过机载计算机的中介作用将飞行员的飞行指令利用双绞线传输到飞机飞行控制的输出系统从而实现遥控飞行。以前所有的波音飞机都是通过连接到由飞行员直接遥控的控制面板的系统进行控制，这个系统由机械杠杆、电缆、滑轮，以及液压线路等组成。整个遥控自动驾驶仪技术（又被称为计算机飞行控制）是由空中客车公司首先应用于商务班机，于1988年在其A320飞机上引入该技术。然而当一些由遥控自动驾驶仪系统控制的A320飞机坠毁时，这种计算机控制飞机系统的核心软件受到了严格审查，它的可靠性广受质疑。

自动驾驶仪运行的方式受到诸多批评，这些批评认为对于飞机而言，机载计算机将不会允许飞行员执行某些被视为过于极端的机动飞行。因此，通过软件系统，计算机限制飞行员的加速操作从而避免飞机结构出现超负荷状况。早期版本的软件允许飞机以非常低的速度贴地飞行，但是如果飞机在需要中止降落或者应对一些不可预见的情况时，软件并不容许引擎有足够的时间恢复到全功率状态。在两架 A-320型飞机坠毁以后，这一限制被取消。

空中客车公司电子控制系统的另一个特征是将位于飞行员两腿之间的控制杆重新安置在座位旁。但是当计算机自动调节功率保持飞行状态时，无论是新的侧面控制杆还是节流阀的移动都不能给飞行员以触觉或是视觉的反馈，飞行员也无法确切地感知在任何给定时间里飞机处于何种行驶状态。

波音公司在波音777飞机上处理遥控自动驾驶仪的方式是给飞行员有更多的飞机触觉。例如，除了说明飞行员的命令并将其传达给引擎和操纵面以外，计算机还通过程序移动手柄控制和节流阀来反映飞机的状态。随着气流速度的变化，操纵杆产生的作用力传达给飞行员，告知其飞机所承受的加速度有多大。如果飞机应力超限，波音公司的理念是若紧急情况发生，如即将在半空中坠毁，飞行员能够转向、俯冲或者根据需要尽快地加速以避免坠毁，即便是如此巧妙的操作也会给飞机带来结构性的损伤。这种理念的差异体现着所有技术的特点，理解可靠性和安全性对于他们的含义，伴随着越来越强大与复杂的计算机和计算机程序的开发，这些理念变得越来越重要。

除了波音777飞机遥控自动驾驶仪方面的特征，波音公司在驾驶员座舱引入了另一创新：用平板彩色液晶显示器（LCD）取代了阴极射线管（CRT）显示屏。随着广泛的技术革新发展，不同的显示器也有着不同的优缺点。比如：飞行员就发现安装在波音747飞机上的阴极射线管（CRT）显示屏在强烈的阳光照射下视认性较差，而平板彩色液晶显示器（LCD）在寒冷的气候条件下图像不太清晰，也就是说在那样的气候条件下需要安装一个辅助加热系统。不过总的来说，此项技术革新声称是向更好的方向发展。

◎引擎和经济学

波音777飞机早期的卖点实际上是它具有双引擎，这一点能够保证波音777飞机就算是在一个引擎失灵的情况下也有足够的动力和可靠性来完成越洋飞行任务。一般来说，最初航空公司被双引擎飞机所吸引的原因在于相对三个或者四个引擎动力的飞机而言，其具有相同载客条件下更省油以及需要更少的维护的特性。但是关于经营一个航空公司的相关成本混合因素并不是静态的，飞机交付使用后的其他省钱特征也成为卖点。燃油的价格曾经是构成总体价格的一个重要因素，然而到了20世纪90年代，相关飞机维护和操作人员的工资以及还本付息反而成为主要因素。因此，双引擎飞机的燃油效率带来的红利最大程度上减少了飞机的养护成本。由于波音777飞机电传操作系统驾驶舱的设计对飞行工程师的需求减少了一名，同时还减少了1/3的空乘人员规模，因此经营成本减少了很多，并且双引擎飞机低廉的销售价格也降低了一些潜在客户的融资成本。

自从拥有最大双引擎的波音777客机投入运营以来，它不得不使用有史以来最强大的发动机。第一代波音777飞机安装的是指定的普惠公司PW4000型发动机，该发动机产生的最大推动力为80 000磅。这一推动力量比波音747大型喷气式客机的最大发动机产生的推力还强1/3。波音777飞机的引擎被称为高涵道比涡扇发动机，其采用在引擎前端可见的大型、宽刃风扇以便吸入大量空气（图7.7）。当一些空气被提供给涡轮机促使宽刃风扇扇叶旋转时，大量空气便绕过涡轮并协助推动飞机。

对于普惠引擎的维修而言，由于没有额外投资，使得工厂缺乏相关设备

图7.7　安装在波音777飞机上的普惠引擎

以及其维护人员缺乏相关培训，为了使波音777飞机在各类航空公司中保持
竞争优势，波音公司提供了可供替换的引擎。其中的一个替换选择就是通用
电气公司的引擎，它是如此巨大，其引擎机舱的可见流线型外观的直径尺寸
足以比肩波音757客机的机身直径。另一个可供波音777飞机选择的引擎由劳
斯莱斯公司生产。普惠和通用电气公司生产的引擎同样也作为空中客车公司
飞机选择装配引擎。

　　如果波音777飞机能够获得必要的飞行许可认证，那么事实上它所拥有的只用一个引擎就能完成远距离飞行的设计必定能够使它成为即将开始的越洋旅行飞行的候选机型。在过去，飞行许可认证必须经过大量的实践之后才能获得，一旦获得之后飞机便投入商业运营。然而在20世纪80年代中期，经过各方面的评估发现，两个引擎同时中断工作的概率为十亿分之一小时的飞行时间，或者说是每50 000年才会发生一次，所以美国联邦航空管理局（FAA）开始考虑让双引擎飞机不仅只飞跃大西洋航线，同时也飞跃太平洋航线。双引擎飞机的如此发展得益于波音767和波音777飞机的成功。

　　尽管波音777飞机被认为是一种全新飞机型号，但波音公司仍然强调该飞机只是公司改进机型而并非革命性的突破。改进还是突破有着显著的区别，因为它意味着飞机是否能够迅速获得飞行许可证。通过对波音777飞机附加参数的考量，确认了波音777飞机甚至在组装之前便经受了前所未有的计算机测试。此外，其安装的普惠引擎并不完全是全新设计，而是由早期的引擎模式演变而来，它在交付安装于第一架波音777飞机以前就已经表现出相当的可靠性并进行了广泛的飞行测试。因此在1995年波音777飞机移交给美国联合航空公司之前数年，波音公司就意识到美国联邦航空管理局（FAA）会允许波音777飞机省略了为期两年的惯例测试期，在测试期间新飞机必须保持控制在飞越大西洋时每60分钟的飞行时间能够到达一个主要机场。这当然是在试用期的一个合理要求。如预料那样，美国联邦航空管理局（FAA）放弃了那样的要求，同时在1995年6月，联合航空公司的首批客户的首次飞行是从伦敦希思罗机场到华盛顿的杜勒斯机场。到今年年底，波音777飞机到港时间准确率达到97.5%，相比之下，在波音777被投入使用之前，波音747-400的到港时间准确率只有94%。然而，美国联合航空公司需要寻求波音777飞机更好的性能，在它投入运营不到一年的时间就有一封投诉信发给了波音公司。这个经确认的问题将促使工程设计师们回到电子绘图板中寻求解决问题的办法。

◎人机因素

人机因素领域又被称为人机工程学，其宗旨在于努力使人和机器之间的人机界面尽可能合理、安全、舒适和友好。在过去，工程设计师们经常被指责不关心人机因素或是没有意识到人机因素的重要性，但是他们的产品确实是在被真正的人（容易犯错误的人）使用。正如一个笑话所体现的，一切按照难于理解的电子产品用户手册进行操作则不可能控制和调节这些设备。

当然，人机因素是设计飞机座舱需要考虑的关键因素，因而工程设计师们花费了相当多的时间对这一领域的技术细节进行深入设计。这些诡异的刻度盘、开关、杠杆、按钮以及其他的仪表和控制器有着明显不同的外观和触感以强调自身不同的含义与功能。从核电行业的灾祸中，我们知道当设计师忽略了对仪表和控制器造型的考虑时，就可能出现危险情况。在早期核电站操作控制室里的一些错误操作归因于以下事实：在设计各个组件时更加注重控制台的匹配以及外观上看起来比较现代，而不是用不同的设计特征来将不同类型的控制器、刻度盘和仪表加以区分。同样，1992年空客A–320飞机在法国斯特拉斯堡附近撞上一座山峰而坠毁是因为飞行员采用了着陆的方法来操作飞机，之所以采用这样的方法明显是因为飞行员混淆了降落模式的选择（图7.8）。事故调查人员推测本应该是一条3.3度的飞行路径，但输入电脑控制系统的却成为一个3 300英尺/分钟下降模式。当驾驶舱屏幕显示33，其含义本为下降模式的33英尺/分钟，但飞行员却把它误读为3.3，因此并没有意识到飞机的下降速度超过了它应该的速度。将人机因素纳入设计考虑的显示设计应该将下降角度显示为两位阿拉伯数字（如：3.3），而高度变化显示为四位阿拉伯数字（如：3300），从而避免两者可能误读的情况发生。

和飞行员相比，也许因为乘客并不能直接看到机器的交互界面，所以飞机客舱的设计历来重视美学因素多于人机因素。站在航空公司的立场上讲，

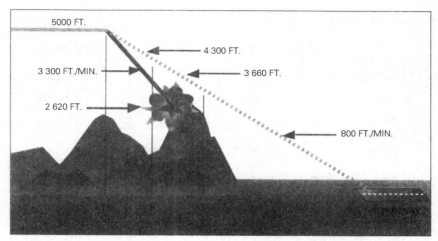

图7.8 空中客车飞机的下降模式用计算机控制着陆程序中可能的混淆

乘客就是客户，波音公司认识到这一点并决定将航空公司的立场引入最近的设计流程中。波音公司能够将更多对乘客友好的设计特征引入波音777飞机的舱室中。

例如，除了增高机舱的天花板外，还降低了舱顶行李架，这样使用起来更为方便。机舱内还安装了头顶灯，当灯泡烧坏时可以由一名空乘人员轻松地进行更换。波音777飞机的乘客在他们的坐席上拥有个人独立的娱乐显示器而不是仅仅只有一个可供观看的大屏幕，所以乘客不必伸长脖子或是为了避开前排乘客的遮挡用枕头垫高座位以看到处于中间位置的屏幕。在整个飞机上，通过光纤电缆将接受到的卫星通信网络信号以数字输入的方式输入个人显示屏。每个座位还配有个人电子控制板，上面的按键作为对屏幕的二次输入控制设备，从而使互动视频游戏得以播放以及能够获准进入信息库。如同所有大型复杂项目一样，波音777飞机发展历程的案例表明，当工程设计人员能够与产品的潜在用户进行交流互动时，无论这些潜在客户是航空公司还是乘客，他们将会做到最好。

◇ "该旅行航班禁止吸烟"

　　飞机座位的扶手在制造中被加长了，并且设置了翻盖的烟灰缸，这是为那些想要在飞机上吸烟的乘客所准备的。在早期的航空运输中，大部分乘客都会在复杂的航班公共空间内吸烟，但伴随着第一次禁烟运动，国内航班飞机直接禁止在飞机上吸烟，烟灰缸的存在越来越成为航空公司的烦恼。在每一次飞行之后，这个方便的小容器就会装满口香糖和花生壳等废弃物，而且清空它们非常耗时。为了制止这一现象，航空公司采用焊接的方式封闭了烟灰缸。

8 水系统及相关社会背景

根据19世纪初的定义，土木工程对每个人来说都是"为了使用和便利而安排组合自然能源的伟大艺术"。19世纪末期一位铁路工程设计师将工程学粗略形容为"我用一元钱能做好的事情不是随便哪个外行人花2美元也能做到的艺术"。根据这两个观点，社会目的和经济目的几乎不可避免地和工程设计师做的每一件事相关联。有时相对社会成本的花费比例而言的社会效益小到极致。许多现代制造业的产品，如回形针和铝罐，显然提供了便利，但即使没有这些产品，文明仍然存在，如果禁止这些产品的制造，毫无疑问社会文明并不会发生太大的变化。更实用的工程产品，诸如桥梁和喷气式飞机等我们今天所知的不同类别和性质的运输工具，已经大大地改变了我们今天的生活，很难想象像旧金山这样的城市完全依靠轮渡穿越海湾，或者我们只得回到依靠船舶横跨海洋的旅游方式。首先，这样的跨海方式会成倍地增加时间的花费。一个欠发达的交通网络，进出口产品将会更少，北方城市将不会有柑橘类水果，而且茶和咖啡在冬季很可能会更加昂贵，鞋和服装的制造会更局限于本地等。尽管这个社会以19世纪的步伐缓慢前行，但是它仍然在运转。

然而对于水的使用和控制就不像其他种类的产品，如易拉罐和飞机一样必要，因为它是生活本身一个基本要素。人们总是需要水，就像需要温暖和栖身之处一样。大量拥有专业工程设计学知识和技术的团队为了日益增长的人类社区，已经用好几个世纪的时间来研究水的供应、控制、治理和处理。人可以靠昆虫和雨水在原始条件下生存，1995年，飞机在波斯尼亚被击落后逃生的空军飞行员就在原始的条件下生活了几乎一周时间，我们也可以想象一小队过着游牧生活的祖先也能在类似的资源稀缺的地方生存。但我们更喜欢饮食品种的多样化。农业的发展，被描述为土地作物工程交织在一起的能力，这种能力是指当天气不适宜作物生长时，将水从原来的地方引导到需要水的田地里。自从农业社会确立一千年来，对水的控制已经成为一项伟大的工程成就。

◎水供应和清理

罗马市因为它先进的供水设施而著名，正因为有这些设施使城市的公共喷泉和沐浴场馆成为可能。一些幸存的宏伟罗马拱桥，如法国南部尼斯附近的嘉德水道桥（图8.1），它的建立不是为了连接道路，而是为了运输水。他们设计沟渠，将山上大量的水引流到城市。《建筑十书》是现存的最古老的工程设计学书籍，它描述了罗马给水系统中使用了铅和黏土制成的管道，而且还告诫铅制管道会对健康产生危害。他还解释了水库怎样建造在战略要地和如何控制管道里的压力。水的损失应归咎于罗马水系统的泄漏和非法拆除管道截流水源，这些损失引起了长期的关注，据估计，进入水管系统的水在到达目的地前已经损失了一半。罗马的水利工程设计师提出了大量解决方案，很多方法已经被一世纪的罗马水利专员弗朗提努鉴别过，他写过一篇著名的关于城市供水的报告，报告指出在 "闲置的金字塔，或者其他著名却毫无用处的希腊人工程遗迹"和"不可或缺的结构沟渠"之间没有可比性。

弗朗提努在公元97年的时候写到，据估计，罗马每天需供应4 000万加仑的水，因此城中100万居民每天的人均供水量十分接近20世纪的标准。当然绝大多数的罗马居民不会每人都用到如此大量的水，因为他们的日常供水是用容器从喷泉处运送回来。而大量的水被引流到供官员使用的公共浴池和洗衣房。但是罗马和其他古代城市需要稳定持续供水的主要原因是为了随时可以用来救火和保持城市的清洁。用巨大的努力和高昂的费用将设计、建造和维持稳定的供水系统放在城市建设的首位显然合乎情理，整个社会都会受益甚广。

即使有大量的水资源被输送到了罗马，市民中也只有最富裕或者最有势力的人才能把水管直接接到家中。或者就只能偷偷地这样做，这些运行良好的下水道系统在使用后均未被拆除，直到19世纪，其他任何城市也未能建立起如此重要的下水道系统。一般来说，污水和废物处理是由每个人和家庭依

图8.1 作为罗马引水渠重要节点的嘉德水道桥

靠自己的大型地下污水设施来处理，这些污水处理设施是用来解决暴雨和污水处理问题，它在弗朗提务时期已经非常好地建立起来，同时这些私人建立起来的污水处理设施直接与公共污水处理系统相连。大多数的市民习惯把公共厕所或者厨房的垃圾罐以及卫生间的废物直接倒入城市的水沟，这些废物通常被冲到下水道里。当雨水不能将废物冲入下水道时，大量的水也将用来冲洗下水道本身，以免臭气和污秽让人难以忍受。这一功能运行的重要性被弗朗提务明确地指出："我希望任何人都不能未经我的允许或者代表我去用掉更多的水，这非常必要，因为这部分来自护城河的供水不仅会被用来清洁我们的城市，而且还会用来冲洗下水道。"

◇ 欢迎光临巴黎的下水道

在法兰西第二帝国和第三共和国时期发展扩大的巴黎下水道系统是技术和政治上的胜利。在1867年举行的博览会期间，污水下水道管理部门开始推出"地下的第二个巴黎"的公共旅游项目。参观者沿着优雅的铁质阶梯进入下水道，然后坐在用于清理下水道的豪华型运载车上进行参观（图8.2）。游览的另一部分是乘坐铺有地毯和软垫的复古威尼斯贡多拉船参观，每艘游船能乘坐16人。

遍及全世界的大多数下水道系统不对公众开放，但是留有通道来进行检查、清洁和维修就非常重要且必须。设计巧妙的下水道系统有着遍布整个通道的检修孔，为什么覆盖这些检修孔的盖子无一例外都是圆形呢？

如何处理从下水道排出的污水是现今许多城市需要面对的问题。直到19世纪中期，土木工程设计师才以系统化的方法攻克了这一难题。专门研究

图8.2　18世纪70年代在巴黎下水道中清洁工推行游客交通车

这类问题的工程师被称为卫生工程设计师，这个名称一直沿用到20世纪70年代，直到被环境工程设计师这个术语所取代，这反映了处理日益增长的垃圾和环境污染的问题引起了整个行业关注。

影响不同类别大型工程问题的解决方法需要的不仅是技术知识，整个社会也必须下决心通过有效的办法和财政手段来实行强制解决方案。同样的情况也出现在19世纪中叶的伦敦（几个世纪前，人们的死亡率往往超过出生率，因此城市人口增长率持续下降以至于人们没有极力发展新科技的迫切需求）。水供应的方案包括16世纪时从泰晤士河抽水到处于高位的大都会区域，并在重力的作用下使水流向目的地。一些泵入的水是利用潮汐并通过安装在老式伦敦桥梁狭窄拱道的水车的方式来实现。同样，类似的泵也用来抽取区域地下水以供社区使用。最后，我们都知道被污染的水资源流入河流和地下水会造成不可忽视的健康危害，虽然这是十分肯定的事情但是并未对此有完全的理解。

在19世纪早期，伦敦的卫生条件十分糟糕。伦敦也有过类似下水道管理委员会的机构，但该机构的管理范围只包括拥有日益增长的250万总人口的大都会中的30万住户，仅占总住户的5%。尽管有地区排水系统，但他们不当的设计经常出现问题，大的排水需求系统用小的排水现实系统来承载，这自然无法容纳全部的流量。经过综合研究伦敦的卫生条件，1847年一位工程设计师得出报告，伦敦的住房里满溢的污水坑没有任何的排污系统，成百上千的街道也根本没有任何下水道。那时候，印度爆发的霍乱传向西方，皇家专门调查委员会建议，应该建设独立的分区下水道来处理这一混乱的城市问题。议会此时正面临泰晤士河河岸腐臭的问题，很快一致同意修建开放式的下水道并通过了创立大都会下水道委员会法案，但是在接下来的六年里，据记录有超过两万五千人死于霍乱，直到这一事件之后英国才进行下水道系统的建设。

与此同时，约瑟夫·W.巴扎尔格特被任命为大都会下水道委员会的总工程设计师，就是他描述了伦敦卫生系统的糟糕状况。

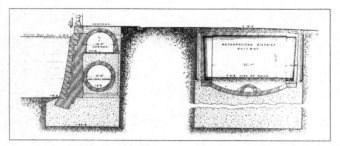

图8.3 泰晤士河路堤的横截面图（图片揭示了下水道是如何将来自
伦敦的废物运往下游，此外还有一个地下管道）

　　根据试图改进下水道系统的想法，伦敦主要的下水道是通向泰晤士河流
域，大部分的下水道在到达泰晤士河之前要经过河流附近的低洼地，之后污
水会排入这一水平高度的河流或者当时还处于低水位的河流里。随着海潮上
涨，排水口将会关闭，同时截断来自高处的污水；这些污水累积在部分地
势低洼的排水沟中，它们大多数情况下会每天24小时内有18小时都呈浑浊状
态。在这段时间内，一些较重的沉积物将会日复一日地沉积在排水沟中，此
外，在持续大雨的时候，尤其是发生在河水高潮的情况下，关闭的排水沟不
能够储存大量新增的污水，这些污水将上涌穿过住宅排水沟然后淹没房屋的
地下室。将污水在低水位时排入泰晤士河中，对河水是最有害的，因为污水
不仅是随着涨潮上浮至水面，而且当退潮的时候又被带回伦敦，每一天都与
供应的新鲜水源相混合，如此日积月累对于大海来说几乎无法察觉；但泰晤
士河水中的净水在那时候处于最小值，从而使得河水完全无法被稀释，并且
难以对如此大量的污水进行消毒处理。

　　用现有系统理解和阐明这些问题，就像巴扎尔格特在本文中做的那样，
这将会被描述成综合失效分析，而失效分析是作为解决工程问题的必然条
件。他设计了一个污水管道处理系统来避免现有系统的失效。这个系统的功
能被设定等同于供水系统，同时他设计的排水沟拥有足够大的排水量，并且
足够倾斜甚至达到45度倾斜角以确保污水快速通过排水沟从而防止淤塞。为
了不再让污水排入伦敦中部的泰晤士河，巴扎尔格特设计了沿着河岸运行的

大型截流污水管，并且在排污前将废水引向城市区域下游。这个污水处理系统被设计为泰晤士河堤坝的重要组成部分，今天它成为了颇受欢迎的户外河滨散步长廊（图8.3）。

巴扎尔格特开创性的工程设计作品改变了伦敦河，将一个开放性的下水道变成了一个观光胜地。巴扎尔格特于1874年被封为爵士，并为他建立了镶有青铜牌匾的纪念碑以供今世纪念。该纪念碑位于"维多利亚"堤岸的伦敦中心区域，在诺森伯兰郡大道末端，接近亨格福德桥。在这里，还可以看见土木工程设计师伊桑巴德·金德姆·布鲁内尔和电气工程师迈克尔·法拉第的纪念碑。

◎芝加哥的案例

由于每座城市的地理以及地形情况都是独一无二的，因而每座城市也都展现出独特的水源供应以及处理的工程设计问题，而且解决这些问题的方案不得不根据这座城市的发展进行改进。19世纪中期，芝加哥从密歇根湖中取水，然后将水排回密歇根湖和芝加哥河，而芝加哥河河水正好流向密歇根湖。19世纪60年代，为了获得干净的水源，在密歇根湖湖床下两英里处铺设了一个直径为5英尺的管道，足以将所有污水充分稀释。湖水被抽到154英尺高的城堡式水塔，该水塔今天仍处于水塔广场附近，被称为历史性标记。于是来源于水塔的水，通过重力进行分配。

然而，随着城市的不断发展，增加的污水量不断污染着数英里的湖泊沿岸，城市需要一个全新的污水处理系统。在19世纪最后十年，芝加哥开始疏浚芝加哥河进而改变了其流向，于是芝加哥河不再流入密歇根湖转而流向德斯普兰斯河，最终又汇入密西西比河。虽然芝加哥因此保护了自己的湖水供应以避免下水道的污染，然而人们对于河水的稀释和氧化作用能否在水流抵达对其依赖的下游社区前就能得到足够的净化仍有疑虑。密苏里州起诉伊利诺伊州，因为伊利诺伊州将污水倾倒至下游300英里以外的圣路易斯的供水系统中，但是呈上法庭的证据却显示这对健康没有威胁，于是该起诉被撤销。然而这一状况使与德斯普兰斯河上游以及芝加哥环境卫生和航行运河、伊利诺斯州和密歇根州运河平行的区域无法容忍，于是芝加哥城不得不建立污水处理工厂，废水首先需经过污水处理工厂的处理，才能对外排放。

各个群体间的辩论在某种程度上反映了人们并不完全了解疾病的本质以及如何设计一个正确排水系统的技术细节。只有拥有成熟的卫生工程及并行发展的用水质量控制体系，包括对饮用水的微生物和化学反应的更好理解，才能建立更多人一致认同的有效设计标准以及污染物安全等级。

◎设计问题

无论是在古罗马、维多利亚时代的英格兰或19世纪晚期的芝加哥，供水系统的布局都没有唯一的解决方案，这是一个与所有交通网络布局都类似的问题，如道路、运河或铁轨。路线的起点和终点往往在一些物体（水、车辆、船只或火车）进行移动的位置之间选出，工程设计师的工作就是在起点和终点之间无数个可能的地方中选择经济、高效和可接受的路线。虽然科学和数学原理可以有助于将这些问题转换为简明的文字分析和方案讨论，但寻求一个方程式的解答方案通常不是一个简单的问题，不仅仅是通过二次公式的方法求出一个二阶代数方程的根或者微积分定位一个函数的最小值的问题。

考虑让水从山的一侧运输到另一侧进行供应的问题，如果一边降雨量很大，而在背风一侧只有相对少的降雨量，可以以储存到水库的方式满足背风一侧的城市需求（图8.4）。有很多方式可以将水从A水库运输到位于M的水库。这些方式包括排成一行传递水桶的人、水泵、管道、虹吸管、沟渠和隧道等。

例如，用一个水泵将水升高到一定水平高度，水则通过隧道穿过这座山脉。隧道架设在山脉上的高度应不低于计划中的水库水平面的最高点，这是由水库几何形状和它设计保存水的体积所决定。隧道的横截面形状和尺寸与所要求的水流量有关，并且可以通过水利工程科学的工具进行分析。如果有任何漂浮在水中的固体通过隧道，隧道的斜率应该足够陡峭以保持一定的速

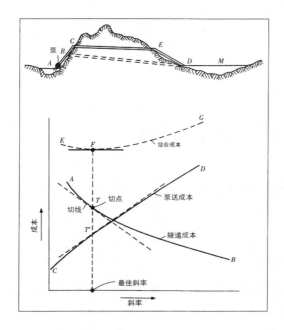

图8.4　原理图定义　自然环境因素在泵/隧道设计中带来的问题（上图顶部）以及其成本曲线的基本原理（上图底部）

率进而防止固体沉淀和淤泥留置，因为它们很可能不时地阻塞隧道。隧道的总长度不仅取决于它的斜率，也取决于它到底从哪个位置穿过这座山，因为在这座山中不同的位置岩石种类也各不相同。

　　隧道的斜率影响其入口位置，更加陡峭的山坡要求水源在重力将水引至隧道之前被抽到较高海拔地区，并使它通过隧道。这自然需要花费更多的资金来购买大功率的水泵，并对其进行安装和操作。图8.4中的CD曲线显示的是这个例子中抽水的总成本。通过添加曲线的纵坐标表示的是隧道和抽水的费用和建设成本，综合成本曲线EG可以被描述出来。最佳泵/隧道的组合取决于最小成本，表现在综合成本曲线中的F点。垂直下降到横坐标轴将给出该问题最佳解决方案的斜率。

　　另外一种计算最小成本的方法是先分别找到抽水和隧道成本曲线上的T点，它们互成反比。在数字计算机出现之前，这种计算是通过反复的试验来得到结果，在曲线图上估算其自身切线的斜率，但是现在整个过程可以被编程到数字计算机中去自动迭代到任何想要的精确度。

◎数学和计算机模型

　　得到一个水库的水源只是设计一个可靠配水系统的一部分。在现实的供水系统中，一个或多个水库是通过各种直径和长度不同的管道相互连通，以便为家庭、企业以及其他有用水需求的地方输送水源。在这个系统存在之前，工程设计师必须建立或估算出供水网络不同部分之间所需的不同高程差（称为"头〈总量〉"），这些不同部分包括管道的位置以及管道之间的连接处、管道的直径和长度、所需要或期望的阀门和泵的数量与种类、水库和排放孔之间面临的水流阻力（取决于管道的粗糙程度、存在的各种弯道以及其他设备）。

　　在铺设新管道网络的过程中，一名没有经验的工程设计师可能紧跟一个示例进行现有的安装，就可以满足此类需求。如果没有类似的例子，也许是因为新问题的唯一性，于是工程设计师们可能会研究现有管道网络的组合并采用各自最好的特性进行新的设计。之前就有一位已经设计了供水网络的工程设计师，他拥有足够的经验，能够相当好地估计出所需管道和网络中其他组件的尺寸以便有适合的压力将水送往它的目的地。工程设计师无论是年轻或是经验丰富，都需要特别注意现有供水网络中出现的问题并在新系统的设计中加以考虑。例如，流量供应不足可能表明需要更大直径的管道，以及清理现有系统时遇到的困难可能会要求在下一个系统中安装更多的检修孔。

　　管道网络设计的发展可能需要反复的试验和长期不断的误差修正来推进，但更多分析策略是表明现代工程设计学的主要标志之一。工程设计师处理现有或拟修建的管道网络与物理科学家处理在大自然中找到的系统方式是相同的，即通过构造一个基于通则的数学模型。例如，给定一个存在于理想网络中的循环管道，我们知道在多个管道组合的末端结合处进行结合或者分开的水体（称为"节点"）是守恒的，也就是说，净流入量等于净流出量。因此可以为该节点编写一个连续方程，并且如果管道循环有一定数量的节点，那么可以为管道循环编写相同数量的连续方程。

　　可以编写额外方程来展示管道循环中存在能量守恒的事实，但考虑到潜在能量与水库的高度差相联系，这些能量会由于摩擦和地形落差而造成损耗，而通过泵在循环管道中产生的额外能量可以弥补这种损失。摩擦损失可以进行分析并表示为一种关于管道特征长度、直径、粗糙度以及通过管道流量的函数。例如，这样的损失是流量的非线性函数，所以加倍的流量多过在管道中加倍的能量损失。这些因素导致代数方程系统在数量上等于循环管道的数量。总的来说，这些方程是一个管道循环的（数学）模型，其解决方案构建了水如何在现实系统中流动的预测体系。

　　但是就像所做的工程设计决定需要精确一样，工程设计师构想出的各种不同方法也需要接近他们的解决方案。然而就正确解读一切解决方案而言，当需要了解一个特定的数学模型何时和如何被解决时，理解假设的背景及模型构造的局限对工程设计师来说十分重要。

　　在数字计算机出现之前，大量的思考和努力都投入到开发方程近似解的技术之中，如那些代表环绕管道循环的水流。采用这些技术是一个漫长而乏味的过程，需要太多的手工重复计算。当采用极其巨大而复杂的模型以及必须尽可能精确和有效地解答大型方程式系统时，计算往往由多个团队组成，团队中的每一名成员都只负责专业化的计算部分，并将计算结果共享给需要数字的团队中的其他成员，而传递计算结果需要在团队其他成员开始自己专业化的计算部分之前进行。在现在的这种团队中的个体被称为电脑，工程设计师将他们的指令输入给这台电子机器，从而实现了这种计算方式的彻底改变。

　　电子数字计算机的核心仍然采用的是同样的数学建模和近似法等基本方法，并被工程设计师和人类计算机团队所使用，他们安排管道系统、电力传输网络，铁路和其他部分的基础设施，至今还为我们服务。虽然计算机能够建立更为宏大的模型，并能在很短的时间内解决问题，但是工程设计师还是必须理解背后的原则及这些模型的解决方案，这样他们的假设和限制才清晰。否则，工程设计师会轻率地操作电脑，也即输入的信息被装入用于所有实践目的的黑匣子，并从黑匣子中输出信息。在这样一个情况下，就印证了那句熟悉的格言："无用输入，无用输出。"如果没有理解系统建模的原则或在黑匣子中运作的性质，工程设计师将无法对输入或输出的价值或可靠性进行合理的判断。

丹佛国际机场的自动行李处理系统提供的例子说明由计算机设计的系统来执行任务是多么糟糕，这个案例不是一个持续流动的水流，而是一个不规则的、分散的行李流，而且这个行李流必须分布到整个网络。机场的开放被延迟了一年，因为在系统测试中包被压碎，需要运送出入机场的自动汽车没有与系统正确连接。计算机系统模型未能考虑到诸如手推车气体力学以及将较轻的行李抛到地板上的气流模式。由计算机系统模型引起的其他一些早期问题中，还有汽车实用性的不当匹配、移动不等数量的行李以及类似于下水道太小的情况。虽然大部分的尴尬表现后来被归咎于操作系统中机电系统的硬件问题而不是软件问题，但根本的困难源于未能领会到计算机模型不能充分精确地反映真实的系统。此外，为丹佛设计的这个系统比之前设计的任何系统都要大十倍。经验丰富的工程设计师知道在一个单一的步骤中如此大量地增加比例可以让人充满惊奇，而这很少会用于重要项目。

另一个例子是建于1973年的纽约世界贸易中心的双子塔，有110层楼高，是当时世界上最高的建筑。在设计它们时所面临的一个非结构性问题就是顶层如何得到充足的水源供应。其中一座高塔顶部的观景台提供了一个全新壮观鸟瞰视角的观景场所，在那里可以观看曼哈顿的纽约港、自由女神像和跨越东河的历史性桥梁及其周边等地区，但是在建成初期，一些早期的游客去顶层的洗手间时发现里面并不卫生，顶楼的水压力不足以将所有的废物冲入下水道系统。

◎水质

到19世纪晚期导致产生诸如霍乱和伤寒症等疾病的原因主要有两种理论：其中一种理论受到接触传染者的支持，认为疾病是通过接触传播；另一种则受到反接触传染者的支持，认为疾病来自有害的空气，比如物体在土壤中腐烂散发出的气味传入空气。对疾病产生原因缺乏清晰认识，导致对那些突然感染的疾病所采取的治疗方式反而是弊大于利。

法国人于1880年开始修建巴拿马运河，在修建的早期，大量工人患疟疾死亡。这种疾病被认为是有毒的沼气造成，就像这个词本身表示的那样（"疟疾"源自意大利语mala aria，意思是"糟糕的空气"；法语疾病的单词是paludisme，意思是"疟疾"）。广获赞同并持续了数世纪的瘴气理论解释了致病原因，疟疾主要发生于像巴拿马地峡这样具有炎热潮湿气候的地方，这里的植物生长茂盛，大量腐烂的植物又散发出气体，因而这一证据支持了该理论。黄热病是另一种在热带地区常见的疾病，被认为是风吹过污水、腐烂的动物物质或受感染的病人导致。

认为是蚊子而不是空气传播疟疾和黄热病的理论早在19世纪50年代就被提出来，但直到19世纪80年代才形成一个成熟的理论。同时，在巴拿马运河的建设中，法国医院在治疗疟疾患者时，在病房用丰富的花香来保持空气清新，盆栽的鲜花被池水包围以阻止蚂蚁和爬行昆虫爬上鲜花并吃掉花朵。医院病床的床腿同样放置在一锅水中以阻止爬行昆虫接触到病人。提供死水的行为则成为蚊子完美滋生的土壤进而导致疾病的产生。法国人放弃巴拿马运河项目后，美国人接管了该项目（部分原因是由于法国人无法控制这些热带疾病），美国人在死水上喷洒一层油来杀死蚊子的幼虫并抑制蚊子的数量。到这个项目结束时，几乎没人再因感染这些热带疾病而死亡。

19世纪末，法国的路易·巴斯德和德国的罗伯特·科赫发现微细菌的存在，他们发展了隔离的方法并描述了细菌特征，由此加速了人们对传染性疾病真实致病原因的了解。甚至细菌被确定存在以前，饮用水污染被认为是引起疾病的原因。在著名的公共卫生侦查工作领域，麻醉学的先驱约翰·斯诺博士注意到伦敦那些受到感染的人住在只有单一水源的邻近地区，于是他在1854年追查到了霍乱爆发的根源。而那些曾在附近的一个啤酒厂工作以及从啤酒厂获得水供应的人没有受到影响。虽然两组人呼吸基本相同的空气，但是那些使用街头水泵的人饮用了已被周围土壤污染的水。当水泵在斯诺博士的建议下移除后，疫情渐渐消退。

随着人们对疾病发病原因认知的日益增长以及微生物对饮用供水存在的不良影响，在微生物进入配水系统的主要管道网络之前，卫生工程师可以设计处理过程并用设备将微生物从水中清除掉。这种过滤和氯化对费城伤寒的发病率有显著的影响，如图8.5中所示。相对于水中微生物当前产生的风险因素而言，卫生工程师以及后来被称之为的环境工程师对其引起的长期风险因素越来越关注，这些风险因素与微量金属有关，尤其是可能由管道侵蚀和腐蚀作用而产生的铅，或是可能从制造或采矿作业中渗入供水系统中的铬和汞。

关于水污染、空气污染以及其他与环境相关污染的持续研究引起了人们对公众健康和生态问题越来越多的关注。如此的关注对公共政策的影响便促使官方于1970年正式通过《美国国家环境政策法案》，法案颁布后不久，美国环境保护署（EPA）成立。这个组合而成的独立政府机构组织取代了以前各自分散的单个机构。随着美国环境保护署的建立，从理论上说它能更容易协调各种计划，这些计划能够监察调控各不相同但往往相互联系的区域中的环境污染物质，譬如杀虫剂、固体废物、空气和水。之后通过的一些法案，如《净水法案》（首先于1972年通过并于1977年修订）、《饮用水安全法案》（1974）和《资源保护与恢复法案》（1976），扩大了联邦政府在支持控制污染和研究与发展这一目标中扮演的角色。如此集中权力和集中控制环境问题，很自然是仍没有充分理解美国环境保护署的作用与不足，因此有支持者也有反对者。在政治优先和公共政策的辩论中，随之而来的转变促使美

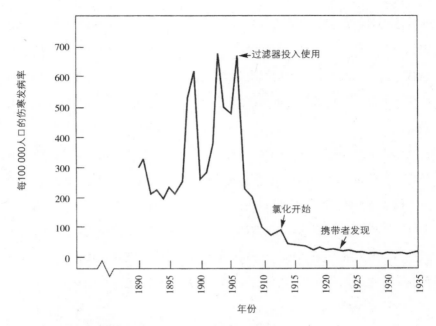

图8.5 水供应的过滤和氯化对费城伤寒发病率的影响

国环境保护署扮演的角色随时间的推移而变化。

正如持续研究产生了进化论一样，医学科学界正在进行关于诸如石棉致癌作用的辩论，因此，在20世纪末仍然有一些开放性的诸如臭氧层和酸雨以及如何对其进行处理的全球环境现象问题根源讨论，更不用说关于水供应污染的安全水平问题。工程设计师必须时刻注意这些问题的重要性、标准以及关于它们的合理解释。

◎其他问题

工业革命遗留的问题之一就是大量新的化学药剂之类的物质威胁着水的供应和自然环境。然而，正如古罗马和伦敦维多利亚时代的水资源问题所表明的那样，在过去几个世纪中污染并不为人所知。20世纪末期，工程设计师、科学家和社会大众日益意识到全球化范围内的污染问题正随着世界人口的增长而增长。瑞秋·卡森于1962年出版的《寂静的春天》一书中明确指出，人们日益认识到人类的行为具有潜在的摧毁环境的作用，人类频繁地使用化学农药正在不断夺去动物的生命，特别是鸟类，同时对人类健康也构成了潜在的威胁，这一问题引起了人们的广泛关注。《寂静的春天》提高了人们关于保持微妙的世界生态平衡的意识，并为环保运动提供了强大动力。

虽然人们很少第一时间关注到其他的环境退化问题，但它却在地面之下发生着，譬如很多人正在或者将要使用赖以生存的地下水供应。埋在地下的老旧储油罐中的汽油、石油以及有毒废物由于长期被废弃和遗忘，开始侵蚀罐壁并释放到土壤里，这些化学物又通过土壤扩散并进入地下水流中。如同人们站在大型军用机场跑道上利用强效化学溶剂清洁飞机一样，实践一旦开始就不会犹豫，这样的做法导致大量污染物渗入土地之中。在早期，就算土地不是神圣的，但至少它是原始的。

这些过去的行为在当时未必有恶意，但给环境工程设计师和水文学家带来了新的、挑战性的问题。在各种各样的地质情况下，从砂层和黏土层到大量的裂隙和断层岩，污染物是如何渗透并威胁到地下水，这些大量的科学、技术、计算的障碍必须在开发模型中加以克服。这些模型的发展，必须发生在一种情况下，即只有得到有限的现场历史的数据、污染物浓度以及介质——地下水流动地域的地质图。因此，采用巧妙而复杂的分析方法能足够准确地预测水的流动特性以预先警告水用户哪些不能使用的水的危险状况，或者提出预防这种情况发生的合适的对策。

有效的补救策略可以检查或扭转地下水污染的影响，其设计、开发、建造一座新的水库或水塔一样包含很多的工程设计问题。为进一步检查污染物的渗透或者将一个地处战略位置的水井系统与设计来去除污染物的抽水处理设备相互连接，地下水整治方案的最终产品可能是一个地下水坝或屏障系统。也许是为了抵消设计中不太具体的目标，计算机模型导致这类系统往往伴有复杂多彩的图形描绘运动和长期以来污染物在地下湍流中的浓度。

　　保障提供水供应、废水处理，以及清洁这两个水力循环系统中的污染物是21世纪工程设计师面临的最具挑战性的问题。他们对问题的分析与解决必然涉及广泛的知识，包括化学、物理、生物、地质科学、流体力学、水文工程科学以及数学和计算机科学等方面。此外，如同所有的工程设计方法都应做到的那样，具有合理、有效、经济以及最佳社会效益，其设计与开发必须运用合理的工程设计判断。

9　桥梁和政治

大型工程项目通常都会有漫长的修建时间，在一些情况下，它会绵延数十年，远远超过任何一位工程设计师的职业生涯。它们有无数相互竞争的方案需要讨论，以及临时性启动的工程又会因为需要在其他项目上合作或是经济、政治环境超出控制而长时间被停滞和搁浅。这些项目的完成除了需要所有人的努力以外，还需要运气因素和适当的介入时机。这个关于任何重要桥梁修建所涉及的原创设计、融资以及建设的故事可以作为一个典型案例来说明这一漫长而曲折的历史过程，以及伴随所有大型工程项目而相互联系的错综复杂的因素。

从古代到工业革命，长期盛行着用石头和木材修建桥梁的固定传统。木桥本身不仅十分常见，而且在石桥出现之前，各种木桥（被称为拱腹架或建筑架）都以支撑形式建立起来（图9.1）。因此在18世纪晚期，当英格兰的塞文谷需要一座新的桥梁时，尽管达比家族以山谷因盛产铁而闻名，但也没有自然地想到采用钢铁作为建桥的材料。达比家族使用本地丰富的煤炭残渣——焦炭取代稀缺的木材用于熔炼过程，由于木材的缺乏使得在桥梁结构中使用铁成为合理的选择。这就是说，必须克服在早期铁桥方案草图中依赖传统木材的取向。

其中的一张草图展示了将铁铸造成如同石头一样的拱楔块，而其他的草

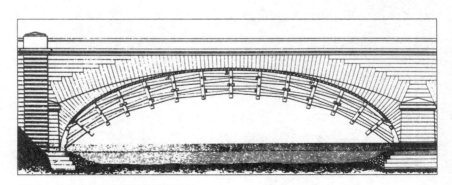

图9.1　在石拱桥下安装到位的脚手架

图也展示了用铁模仿木材的造型。所修建桥的整体外观犹如一座我们所熟悉的半圆罗马石拱桥（图9.2），装配细节容易让人联想到当代轻巧的桥梁结构。这一替代性的技术遵从着传统建筑材料和建造方法，以缓解石匠、木匠、运输以及货船运营商等既得利益集团对于技术变革的抵制。然而，在最后的分析中，明确而有效的沟通改善了由新材料所引起的压迫感和不安全感，这在新铁桥的建造过程中是一个决定性因素。

一旦铁桥被成功修建起来，其自身的优势就能得到很好的说明。因为用于建桥的如此大的铸铁部分都自给自足，所以该桥梁在很短的时间内就修建好并最大限度地降低了水上交通中断的时间。在1795年的大洪水中，这座铁桥是跨越塞文河的桥梁中唯一幸存下来的桥梁，这一点更加证明了钢铁是修建桥梁的有效材料。石桥由于相对巨大的桥墩和体量来说，提供的泄洪空间较小，所以在洪水来临时它就像一座拦水大坝，因而容易被冲垮。木桥虽然具有更多的泄洪空间，但是由于它不够坚固，很难抵挡得住上游奔泻下来的

图9.2　塞文河上修建于1779年的铁桥

洪水和残骸的冲击力，因此也很容易被冲垮。换句话说，铁桥既具有木桥较大的泄洪空间，又具有石桥的坚固性，因此能够让咆哮的洪水穿过它带花边的建筑结构，而这花边结构也使其最终具有了自己的美学特征。

随着铁桥优势的凸显，桥梁设计师越来越感觉到在修建桥梁的工作中铁可以作为一种创新性材料。基于久经考验的桥拱原理，铁桥的设计只需要进行很少的受力精密分析。19世纪初在没有任何先例能证明其安全性的情况下，桥梁设计师们提出了更为大胆的铁桥设计。例如，悬索桥以熟铁承受拉力，代替生铁承受压力，在石桥或者木桥中没有这样相互对应的结构。工程设计师们提出修建悬索桥，一方面依赖于其展示出来的制图、设计说明以及口才天赋，同时也依赖于他们背后看不见的分析和政治敏锐性。尽管他们可能已经在绘图板上或者是通过实验使严格的技术问题以他们满意的方式得到解决，但是由公众、投资人、政治家以及其他非专业人士提出的诸如强度、安全、经济、美学等问题则需要工程设计师们具有说服力的演说与完成令人信服的文字材料的天资。

19世纪的工程模式是提供各种不同类型的桥梁提案并汇报其施工进度。他们用了几乎整个世纪的时间来稳步推进对于梁结构的理解以及桥梁结构的分析，并经常将这些新的理解向普通大众传达。然而在19世纪40年代的英国，尽管随着铁路线路的扩展，对横跨的交叉路口桥梁有大量需求，但悬索桥在铁路系统中并不是一个可行的选择。工程设计师和普通大众都知道，由于悬索桥缺乏足够的刚度和容易在大风中倒塌，使得其具有一副"脆弱的身板"。因此在英国发展出许多替代性的桥梁设计，如包括在不列颠桥中使用铁管来形成桥的跨度。然而，不列颠桥让人无法承受的重量和成本导致发展出开放桁架梁的设计，如同我们将要看到的一样，它带给"泰河桥"最大程度的轻盈。

◈ 做恰当的事情

　　作为一名年轻的工程设计师，阿曼曾为古斯塔夫·林登塔尔工作，古斯塔夫·林登塔尔设计了一座位于纽约和新泽西之间横跨哈德森河的大型悬索桥，他修建这座大桥时是如此的雄心勃勃，但高昂的费用使他在三十多年的时间里无法得到足够的支持而难以推进建设。尝试失败后，林登塔尔对桥梁进行了重新设计，缩减了非重要性结构所占比例。20世纪20年代早期，阿曼开始独立从事更为适度的哈德逊河大桥建设方案。

　　在没有告知林登塔尔的情况下，阿曼将其设计概念传达给未来的新泽西州州长，该州长将这个概念提上其政府工作日程。当林登塔尔通过报纸得知这一事件之后，他对年轻工程设计师的不道德行为进行了指责。阿曼的行为符合道德规范吗？

　　美国铁路桥梁遵循着不同的发展轨迹，部分原因在于约翰·罗布林在工程设计学上的才能和敏锐，另外颇具说服力的个性特征以及书面表达能力使人们对他更为信赖。当时英国人认为悬索桥大桥上不能承载铁路交通，而罗布林于1854年修建的尼加拉瓜乔治悬索大桥则提供了一个无可争议的反例。罗伯林接着又构想并提出修建一座划时代的桥梁——布鲁克林大桥，罗布林在首先说服自己之后，耗费多年时间试图让其他人相信这一修桥计划将是工程设计史上最伟大、最精彩的作品之一。这一案例经常作为所有工程设计项目的典范，因为这一伟大工程项目的变迁史具有普遍性。

　　奥斯马·安曼和乔治·华盛顿大桥的故事是我们容易找到的一个范例。几乎一个世纪以来，人们构想了许多可以横跨纽约哈德森河的大桥。安曼求真务实的适应性使他能完成其导师古斯塔夫·林登塔尔所不能完成的任务，林登塔尔的失败在很大程度上是由于他不能将铁路时代的大型桥梁设计理念转变为汽车时代的桥梁设计。当时正处于社会需求变化的时代，整个社会愈发显示出对汽车强烈的偏爱。在20世纪20年代早期，安曼和林登塔尔分道扬镑，尽管从技术上说，布鲁克林大桥实际上是世界上现存最长跨度的双重悬索大桥，但这位年轻的工程设计师还是能够说服哈德森河两岸的政治和商业集团出资3 000万美元修建他所设计的轻盈而形态优美的大桥，并选择在新泽西州的李堡和曼哈顿岛第179号街之间的区域作为桥梁的跨越线路。林登塔尔和安曼都留下了关于桥梁的值得讨论的丰富实例遗产，其中包括已建和未建桥梁的书面设计文件。

◎旧金山大桥

在世界上主要的桥梁故事中，最负盛名的便是横跨加利福尼亚旧金山与奥克兰海湾的大桥，其正式名称为"旧金山—奥克兰海湾大桥"，这座全长八英里的巨大结构体从修建伊始便被其西北几英里之外的邻居——金门大桥夺去了光彩。在海湾两岸何处进行修建的争论要追溯到19世纪。1869年，一个人宣称自己是诺顿一世——美利坚合众国皇帝和墨西哥摄政王，他发表的古怪提议就包括修建海湾大桥的想法。约书亚·亚伯拉罕·诺顿被认为是1849年淘金热盛行时期前往加利福尼亚的淘金者，很快暴富但后来变得一无所有，甚至变得精神不正常。他消失了一段时间，后来重新出现时却宣称自己是享有奥克兰权力之位的皇帝，奥克兰当地一些拿他寻开心的居民承认他的"权威"，他发行的"货币"也被人们接受。事实上，他宣称要修建从奥克兰途经旧金山到索萨利托之间的桥梁表明修建桥梁的想法在当时就是一种趋势。然而直到20世纪前几十年里，当大桥在这个国家遍地修建时，在旧金山海湾区域修建大桥的各种方案才开始受到更为密切的关注。

另一方面，在加利福尼亚开创其他业务的工程设计师们开始认识到社会对建立横跨海湾和出海口——"金门"海峡的大桥的需求。在这些工程设计师中，有一位名叫约瑟夫·斯特劳斯的工程设计师是位于芝加哥的斯特劳斯吊桥公司的董事长。吊桥是一种桥面能够通过铰链的旋转，这使桥跨能抬升高度，以便轮船从桥下通过。用这种方式建立的桥梁能够以较低的净空横跨河流，因此并不会因为桥梁的长度和高度而占据河岸两边太多的土地。诸如芝加哥这样高楼林立和拥挤的城市，如果要拥有修建桥梁途径土地的所有权，价格将十分昂贵，所以斯特劳斯十分成功地在这样的城市里设计和修建了这种能够开启桥面的桥梁。施特劳斯凭着申请开启桥专利以及修建桥梁的经历，还设计了一款机动游乐设备，人们称之为"摩天轮"。在这个容器里，人们被装进一辆如同两层楼房大小的轿车之中，然后围绕着一根像鹤一样的265英尺长的吊杆末端悬空旋转。施特劳斯的这个设计于1915年在为纪念巴拿马运河的贯通而举行的巴拿马太平洋国际博览会上展出。

同年，斯特劳斯吊桥公司获得了一项在旧金山湾用新式吊桥取代旧式平旋桥的合同。众所周知，人们普遍认为第四街大桥外形丑陋，是纯粹的功能化设计，如同许多桥梁一样，它用沉重的混凝土来平衡悬空的桥面。实际上，斯特劳斯是在有关"摩天轮"和第四街大桥项目商务旅行中，与旧金山的城市工程师迈克尔·欧·肖尼斯偶然相遇，后者曾梦想修建一座跨越金门的大桥。

在几年的时间里，斯特劳斯创作出一个毫无创意的金门大桥设计方案。然而，无论它多么缺乏魅力，斯特劳斯的设计方案成本估计达到1 700万美元，而且这项工程的通行费收益最终将远远超过全部成本投入，这使得该方案对大桥的支持者来说格外有吸引力。此外，斯特劳斯的政治触觉和企业家的精神促使他在当地的市民或政治团体面前畅谈自己的方案并得到了他们的聆听，最终使他的梦想成变成现实。斯特劳斯与金门大桥的故事是一个漫长而辛酸的有关人性的故事，在这个故事中，斯特劳斯与欧·肖尼斯最终成为对手，而且斯特劳斯解雇了他的助理工程设计师查理斯·埃利斯，并拒绝将设计成就归功于他。然而，尽管在大桥的设计和施工阶段，大桥创意缺乏魅力，紧接着他的人际关系又陷入了困境，但金门大桥仍以世界上最受人钦佩的大桥之一的地位屹立至今，至少部分原因是它最终开发出了引人注目的结构部件，拥有着令人惊叹的简约而美丽动人的设计。

　　另一方面，旧金山—奥克兰海湾大桥缺乏统一的外观，而且所处的位置并不适合观看激动人心的日落或者远眺大桥四周全部的风光。对比金门大桥，它其中一个显著的优势就是4 200英尺长的主跨部分曾经是世界上最长的跨度，同时这座海湾大桥由两个截然不同的跨度所构成，每一个跨度都是主要由一座独立的工程桥梁组成，还有一条重要的隧道从海湾内高高跃出水面的小岛中间穿过，从海岸两侧绵延数英里。海湾大桥的修建跨越了大量船只航行的深水区，这成为工程设计师面前的一项巨大技术挑战，但由于大桥的建设和外观在社会和美学上出现了问题，而且在同时代金门大桥的对比之下，它就显得黯然失色，因而海湾大桥所取得的成就并没有得到广泛认可。

◎海湾大桥的早期方案

　　大多数大型桥梁项目在最终设计被确定之前会有各种各样的方案。正如斯特劳斯早期设计的笨拙的金门大桥，在设计期间它经过了多次修改才幸运地成为一件漂亮的作品，从而实现了技术上的成就。而海湾大桥从最初的方案被确定到最终完成，进展比较缓慢。在更为关键的早期方案中，其中一项由土木工程设计师查理斯·伊万·福勒提出，福勒是一名西雅图的顾问工程设计师，如同他的许多同龄人一样，他们都梦想着修建一座世界上最大的桥梁。也如同斯特劳斯在旧金山从事其他行业时一样，他也熟悉了关于修建金门大桥的问题。因此，当福勒为城市最早的钢架建筑设计钢制品时，他开始对海湾大桥感兴趣。像许多顾问工程设计师一样，福勒一直在寻求得到新的著名大桥委托设计的机会。他精心准备，并自己出资印刷了一本宣传册，里面阐述了修建海湾大桥的各种问题并展示了自己的设计解决方案。

　　1914年福勒自己出版了名为《旧金山—奥克兰悬臂桥》的小册子。在当时，横跨海湾的隧道设计估计将耗费至少2 500万美元，然而一座桥梁将花费更多。这就有必要解释为什么任何一座桥梁花费甚多却是物超所值。事实上，由于技术的意外似乎总是伴随着隧道工程，以及较小直径的隧道运输能力必然有限，隧道和桥梁的比较研究不仅在旧金山，乃至全世界都引起了激烈的争论。因此，尽管福勒的大桥方案标价为7 500万美元，但是在当时著名的桥梁项目背景下，福勒坚持他的方案符合成本效益并进行了深入阐述。

在20世纪早期，桥梁工程设计师们所面临的重大决策之一就是长跨度的基本结构形式选择问题。该桥的桥垮需要跨越旧金山城与海湾两英里外一座大岛间的深水区。这个大岛名称众多，可以称之为"芳草岛"或者"山羊岛"，最近又称为"金银岛"。严格说来，最后一个名字专指一座人工岛屿，它毗邻一座由突出水面的大岩石构成的自然岛屿。事实上，"金银岛"是作为1939年西海岸世界博览会的举办地而被命名，这次博览会是为了纪念金门大桥和旧金山—奥克兰海湾大桥的工程成就而举行。

由于水深约达200英尺，以地基和支柱的形式来作为大桥桥垮的支座造价高昂且没有安全保障，因此需要在设计方案中尽可能减少深入水中的桥梁支座，这就意味着作为上部构造的桥垮应尽可能地长。1914年，福勒在其书中写道，世界上最长跨度的悬索桥是1 600英尺长的纽约威廉斯堡大桥。尽管早在19世纪80年代晚期，像林登塔尔这样的工程设计师就已经提出修建悬跨达到3 000英尺长的桥梁，如此超长跨度的设计必定需要高成本的预算。此外，就当时来看，工程设计师们的桥梁建设项目经验远远不足，以至于当设计智慧获得重大突破时，技术发展水平却受到严重质疑。

◎悬臂桥

福勒在他的报告中写道：25年来，修建旧金山与奥克兰海湾大桥的问题已经成为他脑海中最为关切的事。他第一次有这样的想法是在19世纪80年代晚期，此时悬臂桥也刚刚进入许多工程设计师的视野。悬臂桥是一种自立式钢结构桥梁，当单个的悬臂从桥墩或塔楼延伸时，这种结构便可以进行桥梁的构建，因而底部不再需要脚手架（图9.3）。这是一种新颖的设计和施工技术，因为在桥梁施工时不再需要竖立脚手架而妨碍航运，当然也就降低了建

图9.3 纽约波基普西的铁路桥于19世纪80年代建立，图中描绘了悬臂原理

桥成本。

　　19世纪晚期，自动平衡悬臂的创意十分新颖，在苏格兰一座大型的自动平衡悬臂桥正修建起来。这是由于一座知名的桥梁崩塌后，其他类型的桥梁都陷入了尴尬的境地。所以当北英国铁路公司渴望他们的有轨电车运输免于跨越被称为福斯湾和泰河湾的广阔河口时，这就促使东苏格兰海岸有了修建长桥的需求。1878年，横跨泰河的大桥竣工。这座大桥结构长而蜿蜒，在相对较浅的水域建有许多桥墩。该桥梁最为显著的特征就是矗立的大梁，其跨距几乎达到250英尺，高高立于主航道之上。在1879年的一个晚上，这座大桥的桥墩在一场猛烈的暴风雨中轰然坍塌，或是被风卷入水中。大约75人在这场可怕的灾难中丧生，随后对事故发生的原因进行了情况调查。

　　法院的调查发现，这座大桥的工程设计师托马斯·鲍奇先生（他因这一项目被受封为爵士）在设计和施工监管上疏忽大意，严重低估了风力对这座轻型桥梁所产生的作用力。对这次事故的其中一个推测就是高高竖立的桥墩和穿越之上的火车仅仅撞翻了未能充分固定的支柱，破坏了桥梁的支撑结构。另一个调查发现，支撑大桥的铁柱由充满孔洞的劣质铸件建造，削弱了它的结构稳定性。尽管这些早期的结构故障导致大量的金属发生扭曲，其确切的原因仍有争议，但鲍奇已名声扫地，难以挽回。虽然会重新设计和建造一座横跨泰河的大桥，但是这项工程将会安排给其他工程设计师。

　　就在泰河大桥倒塌时，鲍奇仍在南部50英里之外监管一座横跨福斯湾的更为宏伟的大桥。由于水比较深，他希望尽可能地减少入水桥墩的数量，以使桥梁建立在适合的水深范围内并且降低其成本，于是他设计了一座大跨度悬索桥。毫无疑问，当泰河大桥倒塌时，鲍奇的福斯湾大桥建设也被搁置。当调查发现鲍奇在桥梁垮塌事故中负有责任之后，他的设计完全被否定。设计一座新式的福斯湾大桥的重任最终落到了经验丰富的英国著名工程设计师约翰·福勒肩上。由于铁路公司关注的重点是在一定程度上重获乘客对大桥的信任，但当时悬索桥的设计在英国普遍受到反对，同时因为鲍奇一直青睐于悬索桥的设计，所以悬索桥更不受欢迎。约翰和他的年轻助手本杰明·贝克因此构想出一种相对新颖的英国桥梁的建造方式——悬臂支撑。

法院的调查报告十分详细地描述了泰河大桥在设计和建设上的失误，这次事故促使开始大规模建造跨越福斯湾的悬臂桥。这种桥梁曾是贝克在许多公开讲座中的研讨对象，而且还有许多关于它的书面报告再次发布于世界各地。由于福斯湾大桥拥有十分宏伟的设计，特别是它在泰河大桥崩塌后不久开始建立，而且它和泰河大桥处于同一条铁路线，所以对于贝克来说，向公众表述悬臂桥的建设原理十分必要。

普遍的观念认为：悬臂桥并不完全是新式桥梁。这类桥梁在远东地区已经存在了相当一段时间，还有一些最近在德国和美国修建完成（图9.3）。托马斯·鲍奇自己甚至还在纽卡斯尔建造了一座并不出名的悬臂桥。然而，福勒和贝克提出的横跨福斯湾的悬臂桥十分巨大，跨距约是现存任何悬臂桥跨距的两倍。由于他们处事十分大胆，当大桥建设之时，贝克煞费苦心地在自己举办的众多公开讲座上解释悬臂的原理。为了能说明设计背后的结构理念，贝克使用了真人模型，这个第三人模型由坐在椅子上的两人悬空支撑于两人之间（图9.4）。坐在椅子上的人的手臂以及他们构成的框架代表悬臂，用砖块作为的平衡物达到平衡，手臂的悬挂部分则代表桥梁的悬挂部分。但是它看起来完全不像鲍奇曾提出的悬索桥，其运行原理也与悬索桥不一样，因而椅子与椅子之间的距离被用来当作悬臂本身的跨度并不正确。

图9.4 人体模拟跨越福斯湾悬臂桥的模型

　　福斯湾大桥取得了极大的成功。它开始闻名于世并且有许多桥梁都效仿其建造，到19世纪末期，悬臂成为许多设计师、施工人员以及桥梁购买者的选择。当需要架设一座跨越魁北克圣劳伦斯河的悬臂桥时，工程设计师设计的悬臂跨距长度甚至超过了1 710英尺跨距纪录，这一纪录之前一直由福斯湾大桥保持。1907年秋季，当魁北克大桥的悬臂南部建设距水面达600英尺时，大桥突然崩塌，在这次事故中80名工人丧生。尽管查明魁北克大桥的设计安全系数严重不足，但是这次垮塌却引起了对悬臂的各种质疑。魁北克大桥最终重新设计了一种更为坚固的结构，并于1917年完工。在20世纪末期，魁北克大桥1 800英尺长的跨距仍然保持着悬臂桥的纪录。

　　因为福斯湾大桥被认为是桥梁设计的典范，当查理斯·伊万·福勒首先开始考虑在旧金山海湾架设桥梁时，悬臂桥崩塌的事故被认为不可能发生（图9.5）。也许是因为查理斯·伊万·福勒的姓氏与约翰·福勒相同，也可能由于查理斯·伊万·福勒随后认识到魁北克事件只是不良设计的个案，所以他认为不必为此去谴责所有类型的悬臂桥设计。数十年来，他坚持着其年轻时候提出的建造旧金山与奥克兰之间的桥梁设计构思。福勒提出了像福斯湾大桥一样的悬臂桥方案，它有三个主要的跨度，每个相隔2 000英尺（两个650英尺长的悬臂拱支撑位于其间的一个700英尺长的悬跨），因而这个提案中桥梁的长度比世界任何桥梁都长。由于成本费用高昂和海湾区域的地震因素，福勒放弃了跨度为2 300英尺更长的悬臂，转而采用悬索桥替代。

他的报告包括一个图表，该图表展示了他所设计的2 000英尺长的悬臂跨度的缩小比例图解以及福斯湾大桥1 710英尺长跨度的适度比例外观。福斯湾大桥曾用来与像埃菲尔铁塔这样最为知名的建筑结构进行对比（图9.6）。福勒也指出他选择采用该种跨度剖面结构"不仅是由于经济因素，而且在结构设计上也让人们赏心悦目"。在工程设计师设计大型宏伟建筑时，这样对于审美因素的考量意识往往占有至高的地位。

尽管福勒在报告中没有提及魁北克大桥，但是他知道自己的读者能够回想起两者之间的相关性。众所周知，魁北克大桥的垮塌是其下弦杆的原因，它与贝克模型中支撑坐着的人的支柱相对应，这些下弦杆不足以支撑施加于其上的压力。这种情形如同人们手持细长而不是粗大的像棒球棍之类的物体。当我们用塑料码尺或直尺在椅面或桌面上进行试验时，用力下压这样的细长棍子，我们很容易验证到这会产生一种称之为"屈曲"的现象，在发生"屈曲"的部位，这个棍子会在压力之下突然弹起。由于类似的情形实际上也发生在1907年魁北克大桥的建筑工地上，因此福勒希望自己的读者相信同样的事情不可能发生在他的设计之中。于是福勒通过与一些同时代知名桥梁的下弦杆面积进行对比来说服读者相信自己。在纽约，有着近1 200英尺的最大跨度的皇后悬臂桥于近日完工，该桥梁的下弦杆面积达到了1 120平方英寸。与此同时，纽约一座横跨名为"地狱之门"的大片危险水域的大型钢拱铁路桥正在施工之中，这座桥梁的下弦杆面积达到了1 437平方英寸。福勒的

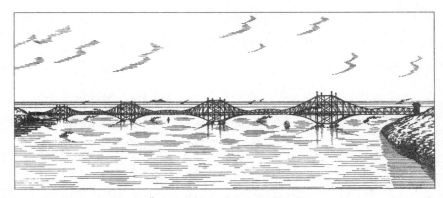

图9.5　查理斯・伊万・福勒设计的位于旧金山与山羊岛之间的悬臂桥

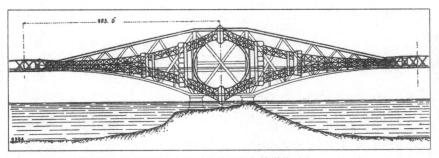

图9.6　苏格兰福斯湾大桥在规模上与同时代的埃菲尔铁塔的对比

海湾大桥则采用了八边形横截面的弦杆，其面积至少有3 600平方英寸，于是福勒让他的读者相信即使面积高达6 000平方英寸的弦杆面积都能够被组建完成。

福勒提出的大悬臂结构对于跨越旧金山的电报山与山羊岛之间的海湾非常必要，因为这片航道区域需要给过往的船只留有最宽大的净空。福勒关于跨越山羊岛的计划是挖掘一定程度的平坦道路，这需供四条铁轨和两条车行道使用。大量的被挖掘出来的泥土可以用来填充低洼区域并使小岛扩展到西边的浅水区，从而可以略微减少桥梁的总体长度。而山羊岛与奥克兰之间的东海湾，福勒提出用泥土填充山羊岛使其延伸至距离海湾2英里的地方。

余下的需要跨越水域的2英里桥梁则由1.5英里长的高架桥和主悬臂桥组成，该高架桥基本修建于相对浅的水域以及在桥墩间有适度跨距，该主悬臂桥有着较为适度的最大跨距。

如果福勒不能使自己提议的这种桥梁具备较强实用性且在经济上可行，那么它将只能停留在结构方案设计阶段。实际性的问题包括使铁路列车、来往汽车以及行人从桥梁的引桥上下桥等。这在奥克兰一侧相对容易，这一侧长桥靠近堆填出的陆地，因此提供了一个缓和的斜坡。然而旧金山一侧却是另一种情形，一方面需要缓解来自桥梁的车流量同时桥下只留有165英尺高于水面的净空使船只通行。由于城市里的土地都被用于开发和城市发展，购买与出售的价格高昂，所以将引桥的长度最小化是合理的处理方法。当保持一个合理的坡度时，为了减少铁轨间的距离，福勒提出了抬高铁路终点站站台的方法，他还提议安装一台大型升降机，这台升降机能够从电报山大桥终点处一次性地上下运送大量行人。

福勒提出详尽的大桥建造方案，其经济合理性取决于几十年来极大增长的海湾轮渡运输量。据福勒估计，1873年年度内海湾轮渡总共运输的乘客大约有250万。到1877年，这一数字翻了一番，超过500万人。到1912年，这一数字已经达到每年4 000万人，预计未来十年里轮渡运输量还会以每年200万人次的增长速度发展，而十年时间将是这座大桥的修建工期。因此，到20世纪20年代中期大桥竣工时，它可能会具有每年6 000万人的潜在运输量。

福勒估算需要7 500万美元用于修建大桥和终点站以及支付大桥借款利息，其中总数的2/3，大约5 000万美元单独列为大型悬臂的建设费用。福勒断定当大桥竣工时"可能性收益"将会使大桥成为一项盈利工程。然而并不是每个人都同意福勒的计划，在福勒两卷厚重的专著——《桥梁工程》中，享有威望和影响力的工程设计师J.A.L.沃德尔对货车和汽车的过桥费能否够支付路桥的维护费表示怀疑，更不用说支付建设成本的利息等额外费用。

为了让这个大胆方案取得人们的信任，福勒在自己的报告中添加了一系列出版著作以及他担任设计总工程师或顾问工程设计师时修建的一些桥梁的图片来加以佐证，包括田纳西州诺克斯维尔的钢拱形悬臂桥、纽约威廉斯堡桥塔以及阿拉斯加怀特通道的三角铁路拱桥。尽管福勒的主要桥梁设计在样式和选址上与许多大约十年之后将会修建成的其他桥梁极其相似，但是福勒最终并没有参与该大桥的修建。某种程度上是因为他时运不济，由于1916年魁北克大桥在快要竣工时发生了第二次事故，当时情况是悬跨被吊起准备安装就位时结果跌落入水中。这一事故更是加剧了人们对福勒提出的主跨比魁北克大桥主跨更长的悬臂桥的怀疑，显然建造并树立起该主跨的难度更高。此外，国际事务形势的发展扭转了人们的观念，改变了分配于诸如修建大桥等其他事项的社会资源。

◎深入方案

第一次世界大战导致几乎所有的桥梁项目都被搁置，直到20世纪20年代，修建跨越旧金山海湾大桥的计划再次被提上日程。能缓解因汽车和卡车的发明而带来的日益严重的交通问题的方案尤其受到人们的欢迎，与此同时，一项能获取利润的桥梁方案设计计划也可以得到建造投资者和运营收费管理方的支持。当然，虽然渡轮仍然在旧金山到奥克兰以及东边的伯克利与北边的马林县之间的海湾运输车辆，但是这种交通模式缓慢且令人失望，在高峰时间或者周末期间，等候渡轮的车流看上去似乎一望无边。渡轮的运营商反对修建桥梁可以理解，但是桥梁却已成为越来越有吸引力的候选方案。

像纽约这样的城市，寒冷冬天可能导致哈德森河结冰从而阻断渡轮服务，于是人们对于修建桥梁和隧道的需求变得更为急迫和强烈。因此，20世纪20年代开始在河底修建车行隧道，在修建期间，关于该隧道的设计和修建本质以及汽车排出的有毒尾气是否能够有效排放等问题产生了相当大的争议。隧道以其总工程师克利福德·霍兰德的名字命名，克利福德·霍兰德在连接纽约和新泽西州之间的隧道被打通之前不久就去世了。1927年当这条隧道建成通车时，很快就取得了成功。由于那时汽车和卡车数量增长迅速，这条隧道很快就达到了它的运输通过极限，促使人们开始进行新的跨越哈德森河的隧道和桥梁设计，包括1931年完工的林肯隧道以及创纪录的3 500英尺跨度的"乔治·华盛顿悬索桥"。跨越哈德森河的隧道和桥梁成功地得到了纽约港务局的财政支持，和其他同时代的项目一样，以向使用者征收隧道或桥梁的通行费来偿还通过债券形式募集的全部资金，最终有助于类似旧金山这样的大型项目赢得最终的批准。

虽然查理斯·伊万·福勒也在报告中提出了修建一座高花费的大桥，但与其报告描述的不同，他并没有为大桥的支付问题作出足够令人信服的论证。迈克尔·欧肖尼斯和约瑟夫·施特劳斯于1921年提案的金门大桥就是自我营销策略的典范。它并不比福勒的海湾大桥提案写得更为出色，但它简洁明确地阐明了成本与收益，使任何人都能清楚地了解其中的细节。与施特劳斯不同，尽管欧肖尼斯没有作出关于金门大桥横跨至北部相对无人居住的县城的正式方案，但是他提议大桥横跨海湾至东部区域，那边城市里的居民大多数都是上班族且人口众多。例如，1921年就有13条申请记录在案，这些申请都是要求从旧金山修建一座大桥通往奥克兰或者东部海湾社区。

然而，由于旧金山海湾是一条战略性航道，此处修建大桥最终必定要获得美国陆军部的批准，因此美国陆军部召开了一场关于大桥的听证会，并对修建的大桥结构作了限制。这些限制性的条件包括不允许任何类型的桥梁修建于旧金山南部的"猎人角"；不允许高度较低的桥梁修建于圣马特奥北部，南部的大桥还应该远离城市10英里以上的距离；必须在海湾旧金山一侧留出3 000英尺宽的开放水道等。

由于陆军部强加了限制条件，并且跨越旧金山湾的大桥成本预计将会超过当时在美国修建的所有大桥的成本，因而从项目开始启动时就需要非常谨慎。到1926年，除了福勒提交的悬臂设计之外，还有17份提案摆在旧金山城市监督委员会面前，它们都是向监督委员会申请获得用私人基金来修建大桥的特许权。这些设计囊括了从组合隧道与桥梁的方案到主悬索桥的方案，而且许多提案还是由当时一些著名的工程设计师领衔设计，其中包括曾经负责修建哈德森河河底隧道的J.崴庞德·戴维斯；已经完工的位于费城的德拉瓦河悬索桥的总工程设计师拉尔夫·莫德耶斯基，他也是其他许多桥梁的总工程设计师；因修建完成巴拿马运河而闻名且支持纽约隧道计划的工程设计师乔治·华盛顿·戈索尔斯；《桥梁工程》的作者以及与其他工程设计师一起修建著名的芝加哥升降桥的J. A. L.沃德尔；还有花费近40年时间促使跨越哈德森河的巨型悬索桥可以承载铁路和公路交通，并且还设计了位于匹兹堡和纽约的重要桥梁的古斯塔夫·林登塔尔；甚至还有当时正在推进金门大桥工程的约瑟夫·施特劳斯，他设计的阳光跨海湾林荫大桥横跨"猎人角"和阿拉米达两地，由若干悬臂跨距和一个竖旋桥活动桁架组成。此外，有待修建的海湾大桥越长，提供的设计就越多，1928年提交的方案数量达到了38份。

◎选址

当旧金山进行单方面的选址活动，并计划由一家私营公司修建一座收费大桥的行为的合法性受到质疑时，城市监督委员会要求当地四所大学的校长提供一份有资格且公正无私的桥梁工程设计师名单，让他们作为咨询顾问。从名单中将选出三名工程师来"研究和调查关于火车站合理的选址、地基、海湾水域上的净空、桥墩之间的空间、桥梁的负载量、桥梁两端站点的交通设施，以及桥梁上发生交通事故的可能因素和所涉及的经济问题"。对城市这部分建设多年来一直悬而未决，因此要求伯克利、斯坦福、圣克拉拉大学以及圣玛丽学院的校长在十天之内列出一份名单。由于全国许多知名的桥梁工程设计师都已参与提案，所递交的名单中也包含了他们的名字，因此名单可能不会立即得到认可。最后，一个委员会得到了任命，它由来自纽约的罗伯特·李奇微、伊利诺伊大学的阿瑟·N.塔尔伯特以及旧金山的约翰·D.加罗威组成。

这个由工程设计师组成的委员会只有30天的时间来对项目进行深思熟虑，他们在调查中得出以下结论，并于1927年5月提交报告。

1.最合适的选址是从林康希尔到阿拉米达摩尔（即防波堤）；第二个选择就是从波特雷罗山到阿拉米达摩尔；第三个选择就是从电报山到金银岛，再从金银岛到"关键"路防波堤（图9.7）。

2.由于跨距较长，应有两个1 250英尺长的悬臂。

3.对车辆和城市轨道车辆（铁道机动车）来说，最大的坡度应该是6%和4%。

4.双层桥上层有一条42英尺的车行道，下层有三条城市交通轨道，这将达到所期望的交通容量。

委员会的工程设计师认识到，在获得海湾海底自然地质结构信息之前不能作出准确的成本估算。虽然所有特许权申请以及初步设计方案已经提交，而对于大桥桥墩定位于哪个确切的位置、需要建立的桥墩有多深，几乎都没有进行实质性的探测。这并不让人吃惊，因为这些建议书都是建立在推测基础之上，在工程设计师或者金融赞助者得到某种程度的承诺，即他们的努力能够获得合理的回报机会之前，几乎都不会愿意冒着时间和金钱的风险来探测海湾海床任何的细节。因此，工程设计师委员会建议：希望城市当局勘探出首选位置，以确定哪种形式的筑基方式能承载桥梁，并且应该准备一份更为详细的设计方案，以此为基础进行更为详细的成本估算。

与此同时，美国陆军部仍旧是修建大桥的一个障碍。于是城市的官员试图前往华盛顿去说服陆军和海军当局放宽对于大桥修建的限制，当这种方式并没有奏效时，城市当局在华盛顿选出的民意代表引入立法来规避美国陆军部这一障碍，这同样没有取得成功。于是进一步的政治努力引入了这样一种新思想——桥梁国有化，可以通过收益公债券的形式来募集资金，这种方式与州际纽约港务局筹集乔治·华盛顿大桥的资金方式一样。公有制的思想促

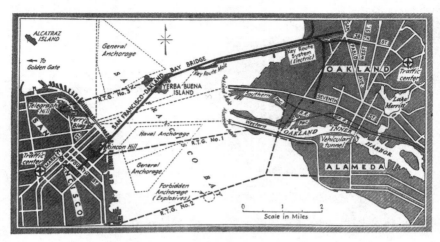

图9.7 旧金山海湾的地图，展示了合理的桥梁线路

使政府委员会着手监管这一项目，1929年，作为州长的代表，C.C.扬赢得了美国总统赫伯特·胡佛的支持。扬毕业于斯坦福大学，在参与公共服务和政治活动之前曾是一名成功的采矿工程设计师。他很快宣布任命一个旧金山海湾大桥委员会，也就是后来称之为的"胡佛—扬委员会"。根据法律成立了加利福尼亚收费桥当局并指定市政工程部为其代理设计、建设以及经营收费桥梁的工作。市政工程部还提供通过收益公债券筹集来的资金以及拨款提供资金，以作出初步的调查。

　　旧金山海湾大桥委员会委任加州国家高速公路工程设计师查理斯·H.珀塞尔负责这项工程。出生于1883年的珀塞尔曾就读于斯坦福大学和内布拉斯加大学，在来到加利福尼亚之前，他的职业生涯开始于俄勒冈国家高速公路部门，在那里担任桥梁设计师的工作，他也曾从业于美国公路局。国家桥梁工程设计师查理斯·E.安德鲁被任命为直接负责这一项目的主管。于是针对桥梁选址的系统调查开始了，并根据土样来决定如何建立地基。为了获得桥梁理想中过桥费收入的最新准确预算数据，包括编纂的渡轮记录等详细交通研究也开始进入调研的视野。通过这些研究最终得出了一个明确的结论，即桥梁最优的选址位置就是从旧金山的林康希尔到山羊岛，在不需要下挖多深的情况下，沿途的水下岩脊就能够提供坚实的地基，一直延伸到奥克兰（图9.7），尽管那里的社区人民一直不太情愿一座大桥突然插入他们的港口。

到1930年中期，"胡佛—扬"委员会收到一份研究报告，这份研究报告详细分析说明了海湾海底的状况，清楚地说明了穿越山羊岛的路线是唯一在技术上和经济上可行的路线，并且指出大桥跨越西海湾不应超过四个主跨，两个中央跨距之间应保持足够的高度，以便在平均涨潮面之上能够留出214英尺高的净空。这部分桥梁无论在已建或者拟建的项目中都在技术上是一个宏伟的建筑设计，同时最终的设计要求"将会与旧金山湾的美丽风景和谐一致"。设计和建设这样一座桥梁的责任就肩负在加利福尼亚养护管理当局身上了。

◎最终设计

1931年，加利福尼亚养护管理当局拨出65万美元的资金，严谨的设计工作由此展开，这意味着成立起来的工程设计组织需要考虑各种可能的选择，查阅相关详细资料并设计出最终的方案以取得美国陆军部的批准，只有这样，桥梁的工程建设才能动工。这项工作必定需要许多工程设计师参与，不同的人负责项目的不同方面，包括东西海湾的横跨、山羊岛的横跨以及旧金山和奥克兰的引桥设计。珀塞尔担任整个项目的总工程设计师，安德鲁被任命为桥梁工程设计师并领导桥梁设计小组，格伦B.伍德拉夫担任设计工程师。由于拥有所有优秀的工程工作及设计工作的高质量，一个独立的工程设计师团队被组织起来提供相关建议并检查所有工程方案创意与结构计算。这个咨询工程设计师委员会包括拉尔夫·米德耶斯基，在1926年完工的当时最长的大桥——德拉瓦河大桥，就由他参与修建；莫兰&普罗克特公司，其负责人丹尼尔·莫兰和卡尔顿S.普罗克特曾负责过这个国家一些最重要的桥梁的筑基和桥墩建设；利昂·莫伊塞弗，他也从事了金门大桥与塔科马海峡吊桥的建设工作；查理斯·小德勒斯，他是伯克利加利福尼亚大学工程设计学院的院长；还有亨利·J.布鲁尼尔，他是工作于旧金山的知名咨询工程设计师，参与了许多重要的西海岸工程。同时，该委员会还任命顾问建筑设计师以针对大桥的外观结构及其处理方法给予相关的建议。

这座伟大桥梁的最终设计绝不会是一件容易的事情，因为需要考虑到各个方面的因素，会遇到许多相互冲突的设计目标。其设计结果就有许多可供选择的方案（图9.8），于是工程经验和辨别能力就在选择最优设计方案过程中起到关键性作用。初步设计方案旨在取得美国陆军部的批准，尽管它有着传统的外观，但是它设计了一个具有四个跨距的对称悬臂。因为其1 700英尺长的跨距堪比经过精心设计建设的福斯湾大桥，其设计的可行性和提供给船只航行的空间几乎无可挑剔，因而最终获得了批准，突破了关键性的障碍。任何在后续设计中出于技术和经济原因要求的变更都不太可能再获批准。

事实上，即使在悬臂设计获得批准之前，对工程设计师们来说，显然修建悬索桥更经济，建造起来更安全，在美学上也更具视觉冲击力。但恰当地选择悬索桥的设计方案仍需要经过思考、判断以及进一步的计算和测试。

修建一座超长跨距的桥梁对工程设计师们来说总是具有诱惑力，不仅需要拥有宏伟壮丽的视觉效果，而且还要减少作为航道障碍物的水中建筑物的数量。因此在提供一个极为庞大的比例结构的同时，在两个桥墩塔之间的4 100英尺长的单个悬跨设计要与悬索桥的建造进度保持一致。但是由于发现该设计造价昂贵且不如多跨大桥易于定位，结果没有被采用。然而多跨悬索桥的设计超出了加利福尼亚大学的R. E.戴维斯教授以及普林斯顿大学的G.E.贝格斯所积累的经验，所以为了指导和检查关于这一结构动态特性的理论性计算，他们开始进行特殊的模型测试。结果这些测试帮助他们确定了两

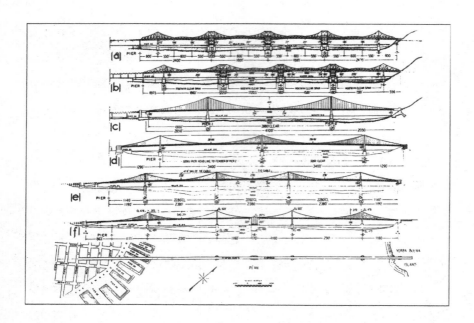

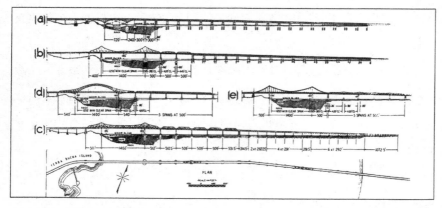

图9.8　最终设计的西海湾横跨（顶部）与东海湾横跨（底部）各种可供选择的备选方案

个完整串联悬索桥的设计方案，即两桥共享一个中央锚地的设计方案。虽然其2 310英尺的主跨使这两个单独悬索桥中的每一座都比除了近日完工的位于纽约和新泽西州的乔治·华盛顿大桥以及正在修建的跨海湾的金门大桥之外的所有大桥都要大，但是从另一方面看来，这座桥梁的跨距仍属于相对传统的设计。

　　穿过建有军事设施的山羊岛的通道是一条大孔隧道，它比任何现有隧道都要大得多，从而使得整个项目更为引人注目。至于东海湾的横跨，奥克兰希望顾及将来其港口设施的建设扩展不会被一座低矮的桥梁所妨碍。最初的设计要求主体由一个有着161英尺净空的700英尺长的悬臂组成，这个净空被改良来容纳一个1 400英尺的悬臂部分，该悬臂部分有着185英尺的垂直净空（图9.9）。因此，这项工程的悬臂跨度将成为仅次位于福斯湾大桥和魁北克大桥之后的第三跨度。

　　旧金山—奥克兰海湾大桥的总成本为7 500万美元，这也正是福勒在其设计中预算出的数字，在1933年年中，美国前总统胡佛在标志着大桥动工的开幕仪式上所讲的"由人类建立的最伟大的桥梁"这句话中蕴含了整个工程的意义。首席工程设计师柏塞尔说他希望于1937年年初看到这座大桥通车。事实上，大桥建设工期比预计时间提前了，它于1936年通车（图9.10），正好早于金门大桥的通车时间。1955年，当这座大桥完工近20年时，旧金山—奥克兰海湾大桥被美国土木工程师协会称之为美国七个伟大的现代土木工程奇迹之一。

◎桥梁和交通

　　海湾大桥的建设过程用照片很好地记录了下来，尽管这座大桥在摄影师的焦距中是清晰的，但是在许多建筑工人和部分结构完工的背景之下要做到清晰俯瞰还是有一定的难度。到20世纪30年代，横跨海湾的上下班交通量已经增长到往返运输的渡轮每天开行多达500次的程度，这表明相对于数量有限的水中桥墩而言，渡轮运输更具危险性。随着海湾大桥、金门大桥以及其他地区的桥梁竣工后，渡轮服务很自然地衰落了，同时也成为机动车辆出入旧金山更为便捷的方式——在交通量发展到大桥会在高峰时期变得拥堵的数量之前。今天修建另外一些桥梁会被认为费用过高，更不用说还有来自环保方面的考虑，因此，渡轮服务被重新开通以缓解大桥的交通压力。

图9.9　东海湾建设中的悬跨

图9.10　航空鸟瞰整个旧金山—奥克兰海湾大桥和金银岛，其中金银岛曾作为1939年为纪念金门大桥和海湾大桥的竣工而举行的金门国际博览会会场所在地

　　金门大桥、高速公路和交通运输区域，它们作为一个独立的实体发展，这也正是工程设计师施特劳斯的政治头脑和促销技巧作用的直接结果，他们

开发了一些具有替代性和创新性的方法来缓解拥堵。例如，1968年，金门大桥成为第一个只在单向收取车辆通行费的桥梁。假设大量的使用者会往返于大桥，在单向收取车辆通行费并加倍金额无可争议，于是包括金门大桥在内的许多收费大桥从那以后都采取了这一措施。在1970年，金门大桥、高速公路以及交通运输区域在旧金山与索萨利托之间引入了一种新式的渡轮服务用以进一步减轻大桥上的交通拥堵。

当海湾大桥所需要的交通容量已经先于设计进行考虑时，很明显一个单层桥梁将必须约有100英尺宽，它需要一个非常牢固而且坚硬的桥面结构。双层大桥的车行道大约比单层桥窄1/3，这种结构被发现可以有大量节余，于是双层大桥结构被采用了。

还有另外一些因素影响了双层车行道的最终设计。例如，像最开始设想的那样，两条都市间的铁路轨道将会铺设在桥梁上或者铺设于单条车行道之下，显然双层的概念使桥梁上铺设两条快速运输铁路比在同一平面铺设更加有效。此外，铁轨在桥梁的下层并行排列，尽管会对结构产生一些非对称的载荷，使得结构设计更加复杂化。然而工程设计师所作的这种决定考虑到的不仅仅是反映载荷的结构需求，同时考虑到将大桥的两条铁路安置成在相反方向上对称，这意味着每当火车从一条轨道转到另一条轨道时，肯定会遇到维修、事故以及其他情况，这样铁轨之间的车辆交通将会被中断或者发生更为危险的事故。直到20世纪50年代，当乘客数量下降时，一直在桥梁下层运营的市郊往返列车才被取消。从那以后，上下层车行道都成为了单行道。

◎桥梁与地震

在旧金山海湾地区，设计考虑的更为关键性因素不是交通通道以及市郊往返列车铁轨的设置问题，而是地震可能会震动包括大型桥梁在内的任何工程结构体地基之下的土层。如果大桥的交通承载能力处于如此异常的环境之下，大桥就必须设计成能经受得起一定数量级震动的结构。但是一个结构能承受所有地震带来的多大的额外强度就是一个工程决策问题，然而工程决策必须与经济现实结合起来。这意味着必须作出大桥使用年限中有可能遇上的各种等级以及各种特征的地震袭击的合理假设。至于海湾大桥，总工程设计师柏塞尔在1934年《土木工程》上的一篇文章中描述了这个项目，当时这个项目正在建设之中，他透露了桥梁建设中的抗震性是如何被考虑进设计中。

　　大桥的所有元素都是在自重的基础上加上10%的自重来设计材料的承重问题。工程设计师们很快认识到地震设计的普遍标准在应对这种结构时将不会令人满意。鉴于此，考虑到各种问题的独特性，工程设计师们进行了详尽的研究并改善了设计方法。

　　至于航道中的桥墩，聚集起来的加速度产生的水平力将会因插入水中及水底淤泥的桥墩运动生成的作用力而增大。实际上，可以想象淤泥也可能产生与桥墩加速度方向相反的自身加速度。这些作用力都被纳入分析之中。在处理尤其是悬跨这样的上层建筑时，需要充分考虑到组成材料成分的弹性和力学灵活性。对于地震设计来说，允许增加40%的基本单位应力。

　　旧金山—山羊岛的横跨与山羊岛—奥克兰的横跨必定需要两个完全不同的结构设计，这种特征上的差异复杂化了海湾大桥的抗震设计。大桥的西海湾部分地区位于地震运动中十分脆弱的泥土之上。柏塞尔在他关于设计问题的描述中所说的就是这种泥土。

　　在如材料力学和动力学这类工程科学课程中，工程设计专业的学生就会学习计算载荷和运动对结构元件的影响。在这些领域的研究问题以及实践应用使工程设计师们具备了珀塞所提到的各种计算能力。教科书上所有的载荷与条件很清晰，学生在规定的定义、完整的例子中进行分析和计算。然而与教科书上的问题不同，像工程设计师所面临的如海湾大桥之类的真实设计问题，关于怎样的基本加速度移动桥梁以及增加多大的强度可以抗衡这种位移加速度，这些非常必要且关键的假设必须作为计算和设计本身的一部分，而不可能事先给定。

因为关于地震本质的知识很大程度上都是完全根据经验以及基于史实得来，所以用什么样的条件来限定设计就完全成为一个决策性问题。随后在1989年发生的地震表明，事实上海湾大桥的设计仍然存在其局限性，因为当地震发生时上层的车行道垮塌砸压下层车行道，导致行驶在桥梁上的驾乘人员受伤甚至死亡，于是立即关闭了桥梁，禁止一切车辆通行。结果对每天往返于桥梁，多达26万车次的上班族带来了不便，这有力地证明了大桥不仅在海湾区域内的交通模式中具有关键性的作用，而且还表明应该提前几十年作出针对所有结构弱点的关键性设计决策。因为大桥在横跨海湾的交通联系中至关重要，所以修复工作以极快的速度完成并通过审议。负责除金门大桥之外加州所有收费桥梁的加利福尼亚州交通部（称为加州交通部）在地震发生仅30天之后就重新开通了海湾大桥。随后的分析表明位于东海湾的桥梁可能将完全拆除重建，重建工作所需的全部成本可能高达13亿美元。

通过了解像旧金山—奥克兰海湾大桥这样历史悠久的项目，我们不仅更好地理解了在地震中一项大的工程的运行情况，同时我们还意识到，将工程技术因素和其他决定性因素融入设计和结构之中都必须考虑该项目未来或是现在所处的时代背景。工程设计不会在社会或技术的真空之中产生，因此影响任何特定工程项目的因素同时也影响其他新闻事件和世界事物，这些影响都是同步作用于社会各个方面。然而，工程设计师绝不会不明白或者忽视作为项目基础和反映其特征的工程技术因素，这些技术因素只占任何工程设计问题的一小部分，而工程设计问题总是体现着人类复杂的实践活动。每一项工程成就都是由文化、政治以及其所处的时代所塑造，反过来，工程项目也能体现其所在时代的成就。

10 建筑及其系统设计

当设计师勒·柯布西耶说房子是"一部用来居住的机器"时，他注意到现代建筑不仅仅局限在结构和外观。它们由许多必须组装和联合使用的部分构成，不仅能给人们提供庇护、彰显地位，还能提供一个可控的舒适环境。我们的房间里有依托电力系统运行的制冷和制热系统。在更大的建筑物中，人们的移动都依靠更加复杂的系统完成，其中包括由许多相互连接的移动人行道、自动扶梯、升降梯等构成的水平或垂直运输的交通工具。在涉及政府和工业安全的建筑中，在政治敏感区域可能需要嵌入最先进的监视系统和安全系统。

虽然老建筑可能不会像如今这样能时常用相同的系统装置加以翻新，但这并不是说老建筑在修建时不必考虑建立这些系统，因为没有一个复杂的建筑物离开了这些系统还能有效地运行。并非所有系统都涉及机械、电气、计算机硬件等，古代一些最有影响力的建筑系统一般来说都是社会学意义远大于其技术意义。例如埃及大金字塔，其修建需要组织大量的劳动力，这一认识建立在目前对能移动大量巨石的系统不能充分理解的基础上。金字塔的设计中还包括精心布局的、能防止盗墓者盗墓的通道和暗阁的整合系统。

在之后几个世纪中，巨大的方尖碑从埃及搬离至其他地方或搬迁到罗马这样的城市，这一操作必须经过精心策划，还需要数百甚至数千强壮人力和动物协调，形成平稳的运输系统（图10.1）。虽然人们认为方尖碑本身可能被视为没有内部系统的原始建筑，但是如果处理不当，并且没有采用适合的方式，它就如同机器一样会破碎。毫无疑问，哥特式教堂拥有天花板和飞扶壁这一更为精细的结构系统。然而，除了那些占支配地位的结构特征和社会学意义的系统支撑着几个世纪的资金筹措和建设要求以外，伟大的大教堂通常都没有满足现代建筑所必须具有的紧凑设计，有计划布局或环保的要求。

图10.1　精心设计的搬运梵蒂冈方尖碑的方法

◎水晶宫

第一次世界博览会于1851年在伦敦举行，官方称之为万国工业产品博览会。其需要的建筑和运行的系统被设计来容纳第一届世界博览会，这个建筑被认为是最伟大的公共建筑之一。日益发展的创新精神和工业革命中的生产力促使举办国际博览会的想法自然而然地发展起来。到了19世纪中期，虽然举办关于展示国内外工业产品的艺术和制造博览会已经成为惯例，但英国的愿望是将博览会的理念扩展至国际范围。阿尔伯特亲王成为举办博览会的坚定支持者，在他的主持下任命了皇家委员会执行这一决策，并于1850年初正式启动。

◎ 世界上最高的建筑——并不在芝加哥

到了20世纪80年代后期，立于海底的海洋石油平台达到的结构高度超过了陆地上最高的建筑。壳牌石油公司巴尔温科石油平台以墨西哥湾油田的名字命名，它被设计来勘探海底石油，其高度比1989年被美国土木工程师协会授予杰出土木工程项目奖的西尔斯大厦还高。巴尔温科石油平台的钢结构重量超过75 000吨，它在一个海平面上修建，然后用船舶牵引到指定位置，并垂直下潜固定于深水海底。

必须采用什么样的结构性预防措施来从水平位置移动一个海上平台？这与垂直举起一个石制方尖碑的预防措施有何不同？

这个雄心勃勃的想法是在伦敦海德公园建立一个临时性的建筑，面积达到前所未有的16英亩，其屋檐可以遮挡所有陈列品和参观者。像许多建筑项目一样，它开始向社会征集结构设计方案，最终收到245种方案。然而该委员会发现其中没有任何合适的设计，因此在这些征集来的方案基础上自己进行设计。但是，该委员会设计的块状结构以及比伦敦圣保罗大教堂还要大的圆顶，被批评家认为不切实际。与此同时，国会也就是否邀请外国人带着本国的商品进行展览并让他们参观伦敦展开了持续的争论，他们认为这不仅会威胁国家的贸易平衡，还会危害城市的健康发展，因此并不看好博览会的举行。在如此政治气候之下，如果没有一个可行的建筑设计方案，万国工业博览会很可能不会举行。

约瑟夫·帕克斯顿是德文郡公爵拥有的查特斯沃思庄园的主管，他因设计和建造花房而为大众所知。花房由铁和玻璃构成，占地一英亩，也为后来建立棕榈园和温室提供了典范。帕克斯顿也因其在查特斯沃思庄园中为巨大热带睡莲设计和建造的一个特殊建筑而闻名，他将该建筑命名为维多利亚女王，意为茂盛而兴旺。这种结构必须具有严密的控制系统的支持，它能够调节水的供应、湿度、热度以及光照。因此，经验丰富的帕克斯顿为博览会设计了这样一种建筑，它依赖于各式各样的系统并且能够在博览会预计开幕的时间之前修建完成。此外，帕克斯顿设计的建筑在炎热的夏天人满为患时也可以发挥很好的效用。在前来参加博览会的人群抵达伦敦前，他的计划在不到一年的时间内就被广为接受并开始实施。大量的木材、铁和玻璃构成的建筑最终成为举世闻名的"水晶宫"（图10.2）。

图10.2　1851年修建于伦敦海德公园的水晶宫

　　使这一切成为可能的首要系统是结构设计和施工方法。临时性建筑物采用标准化的和可以重复使用的柱、梁及屋顶组件，这就能方便地进行制造和组装。施工质量管理系统具有高效性，如在建设之初，用相同的木板将现场四周包围起来，在工程末期将其拆卸并用于建筑物内安装地板的材料。排水系统被安置完成后，在其顶部架设起建筑物用的空心柱，这样雨水可以从巧妙设计的脊沟状屋顶通过空心柱直接进入排水管。所有柱子之间的间距要么是24英尺，要么是该距离的倍数，并有标准化的连接装置。安装在17周之内完成。实际上，框架结构房屋由预制构件建造而成，安装屋顶的同时墙壁也可以落成。不需要用来支撑建筑的建筑外墙后来被称为建筑幕墙，在所有的现代摩天大楼之中广泛应用。

　　构建1 850英尺长的水晶宫是一回事，让它像机器一样运行，使多达9万人在其内部活动又是另一回事。随着水晶宫的完成，曾经对这个建筑产生质疑的批评家们沉默了，他们认为它会被风吹倒，它的过道会被拥挤的人流挤垮，但这样的封闭空间是否与炎热的房子一样令人窒息仍有待观察。帕克斯顿早已预料到人们会有这种担忧，于是设计了空气循环和热控制系统。墙板的百叶窗可以通风换气，大帆布屋顶可以为室内遮阴，从室内蒸发的水分甚至起到了空调作用。同时帕克斯顿还预见到清洁问题，他设计的地板之间留有间隔，可以将垃圾扫进下层的槽隙空间。由于这会有产生火灾的隐患，帕克斯顿于是设计一个槽隙空间来容纳收集垃圾的男孩，以便能够定期清除垃圾。由于具有这样舒适的系统，在水晶宫中举办的万国工业博览会取得了巨大的成功。

展览结束后，很多伦敦人希望水晶宫永远保留在海德公园，但协议规定需要恢复海德公园的原貌。因此，海德公园内独具匠心的"水晶宫"被拆除，在城市南部的西德纳姆按照原先的设计重新修建起规模更加宏大的"水晶宫"，80多年来，"水晶宫"已如同城市中心的装饰品，成为远离市区的休闲文化场所。1866年的大火毁坏了该建筑北部教堂的十字形翼部。1936年，其内部拥有的许多易燃物引发了火灾，导致"水晶宫"被完全焚毁。但它在工程设计学、建筑学以及建筑体系上的影响一直持续到今天。

◎塔和电梯

在同意了西德纳姆重建水晶宫之前，各种关于重复利用结构材料的建议被提出。其中一个便是建立一个1 000英尺高的塔，该提议人指出建立高塔能节约利用土地，而且从塔顶上往下眺望时风景无疑蔚为壮观。虽然占用有限的空间的确是摩天大楼在拥挤的城市如此受欢迎的原因之一，但在19世纪50年代，修建如此高塔有一个严峻的问题，那就是如何把游客从地面运送到顶部。凡是曾经爬楼梯登上并没有那么高的自由女神像或华盛顿纪念塔顶部的人都知道，这样的方案吸引力有限，不太可能通过旅游收益来偿还其投资。

难以抵达高大建筑物的顶部很明显成为阻碍人们修建高楼的一个因素。随着万国博览会的成功举行，其他大型城市举办了自己的国际博览会，其建筑物往往都是对水晶宫的改良设计。1853年，一个具有168英尺高，铁与玻璃结构的圆顶十字形建筑物在纽约落成。机械和结构工程设计师詹姆斯·博加德斯提出了另一种建设该展览会的建议，他是铸铁建筑的支持者。他希望架设一个300英尺高的铁塔，可以通过蒸汽电梯将游客运送至塔顶。那时，安装并使用电梯主要是为了运输货物，并以液压动力操作，这就像如今车库里面的汽车电梯。早期的电梯发生液压缸破裂或起重绳断裂的情况屡见不鲜，人们从失控的电梯中坠下的事故自然令人担忧，更不用说是从300英尺的高塔成自由落体坠下。

与博加德斯同时代的机械工程设计师以利沙·格雷夫斯·奥的斯在同一个博览会上改变了大众对电梯的看法，他摒弃了博加德斯的铁塔方案并给大家作了示范。他开发了一个安全装置，如果支承线缆或缆绳断裂，它可以制止电梯的失控性下落。在纽约博览会上，奥的斯站在一个已经建造了好的框架电梯中，他被提升至离地面一段距离（图10.3）。当助手清楚地看到所有人在围观时，他戏剧性地砍断支承线缆。通过新的安全装置，电梯仅下降了一小段距离就停止了。到1857年，一架液压客运电梯被安装在百老汇的一个五层高的商店内，之后在建筑物中修建电梯的观念就变得司空见惯。在一般情况下，电源是用来驱动液压柱塞式电梯内部的泵，而泵中的活塞被深深地设置于电梯竖井下方的地面。这样的设置显然对建筑物的实际高度施加了限制。不过，纽约著名的20层楼高的熨斗大厦直到20世纪的最后几十年都在使用液压电梯。

随着电梯的出现，对建筑物高度的实际限制不再划定为人们能够或者愿意走多少段台阶，而是结构方面对能够修建多高的建筑的限制。建筑的传统标准施工方法是采用砖石墙体作为主要的支承手段。由于所有的石头从堆砌起来到被压碎之前其重量都有一定限制，越高的砖石墙体结构要求墙体更厚，至少在靠近地面处必须非常厚实。如帕克斯顿和博加德斯等人在铁框架结构方面进行的开拓性尝试，铁框架结构连同幕墙概念的出现，消除了原有

图10.3 以利沙·奥的斯著名的电梯安全装置演示

建筑物结构上的限制并为建筑发展开辟了新的可能。随着19世纪末的临近，生铁、熟铁甚至钢材在建筑物中的运用最终变得越来越普遍，因而建筑物也被修建得越来越高。

例如，19世纪80年代中期，在纽约港的基座上建造一座净高达115英尺的铜筑自由女神像在技术上能够实现。因为该雕像由锻铁框架所支承，它是法国桥梁工程设计师古斯塔夫·埃菲尔设计的作品。当然如同"水晶宫"那样，埃菲尔往往更容易与以其名字命名的巴黎铁塔联系起来。该塔的创意开始于一届国际博览会的策划期。1889年巴黎国际博览会的举行是为了纪念法国大革命，修建一座适当而独特的纪念碑正合时宜。两名在埃菲尔公司工作的工程设计师，莫里斯·克什兰和埃米尔·纽吉尔萌生出用熟铁建筑一座300米（约1 000英尺）高的铁塔的想法。当他们第一次向埃菲尔表达他们的想法时，埃菲尔对此并没有什么热情。然而该公司的建筑工程设计师斯蒂芬·叟伍斯特在铁塔上增加了一些装饰，埃菲尔才接受了这个想法，无疑其在结构设计上最终获得专利（图10.4）。

我们知道埃菲尔铁塔的结构设计方面的挑战主要是使其具有足够的抗风性，但一些被纳入的系统设计也是埃菲尔铁塔成功的关键。例如，使铁塔能够完全垂直竖立显然尤为重要，而这在技术实现性上耗费了相当多的时间。为了确保塔身呈直线竖立，液压千斤顶系统需要与塔的四个角的基点成为一体，这样随着铁塔被越建越高，塔身就能不断得到修正。完成铁塔的结构本身就已是一个壮举，但如果游客不能被高效地运送到其顶部，将不会有可观的盈利来收回成本。因此需要投入巨大努力到复杂的电梯系统设计之中，电梯不仅要穿过垂直的中部塔尖，而且还会穿过使铁塔在风中得以保持其刚度的倾斜的结构支柱。多重组合的双层电梯系统成为规划中的杰作，它将人们运送到埃菲尔铁塔的不同楼层，这在很大程度上是铁塔获得足够盈利和成为受欢迎景点的主要原因。屹立在巴黎市区的埃菲尔铁塔，原本只是作为博览会的象征，如今早已远远超越了其预期目的。

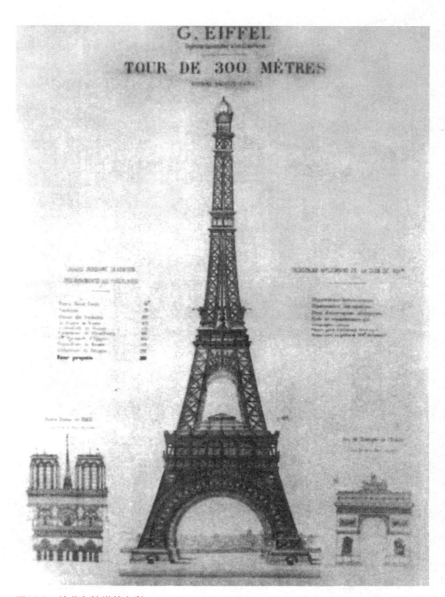

图10.4 埃菲尔铁塔的专利

◎伍尔沃斯大楼

摩天大楼这个词是用来形容19世纪80年代芝加哥高达10～16层的建筑物。虽然这些建筑物在当时令人惊叹，但是其水平维度与高度比例以今天的标准来看就像是蹲在地面上，与埃菲尔铁塔的高度相比，它们就相形见绌了。在20世纪，高层建筑越修越高，其高度远远超过了城市街道的宽度。其中，20世纪早期最负盛名的摩天大楼就是纽约市的伍尔沃斯大厦。这栋1913年的建筑，其成本达到了惊人的1 300万美元，高昂的成本成为修建摩天大楼的许多非技术性障碍之一。然而在这种情况下，该建筑的所有者却以现金进行支付。意志坚强、白手起家的弗兰克·W.伍尔沃斯从"五或十美分"零售连锁店开始创业，当时他每年的销售额都能达到1亿美元，并由此发家致富。

由于伍尔沃斯大楼融资得到了保证，接下来面临的就是设计的细节问题。伍尔沃斯向建筑工程设计师卡斯·吉尔伯特限定了一些建筑标准，这栋大厦后来被称为商业大教堂（图10.5）。部分楼层20英尺高的哥特式天花板使这60层楼高的建筑物与其相对地面792英尺的高度并不相符。更多传统的天花板高度使该建筑物几乎有80层楼高。伍尔沃斯大楼的部分楼层实际上在地面以下，让人们注意到这样的结构设计所面临的首要问题就是地基系统。避免支撑大厦重压的地基发生不均匀的沉降对稳定大厦的结构必不可少，以保证它不会随时间推移而发生倾斜或产生裂缝。

据估计，伍尔沃斯大楼的地基重量共约223 000吨，它由土壤、泥浆、淤泥和水构建，坐落于曼哈顿岛的基岩之上。由于要使地基深度达到街道水平面以下110英尺的平均深度，于是采用了气压沉箱的方法来进行挖掘和构建施工系统。打开其中一个巨大的倒立钢柱底部，就像一个空的食物罐头，所以这些钢柱可以密封空气，如同一个玻璃杯倒扣在一桶水中一样。通过加入适量的空气压力（气动部分），在挖掘过程中可以尽可能地排除地下水的影响，以便工人把土壤、泥土和松散的石块移动到坚实的基岩。这样的程序虽

图10.5　伍尔沃斯大厦

然由于压缩空气所产生的压力环境有潜在的危险，但它在建筑过程中广为运用，尤其是在大型桥梁建设项目之中。

相比之下，伍尔沃斯大楼内部呈现的问题是20世纪所独有。这些问题包括安装使摩天大楼正常运转的机械和电气系统。例如，伍尔沃斯大楼有87英里长的电气布线，它是第一个拥有自身动力装置的大厦，这个动力装置由四台发电机组成，产生的电力足以满足一个小城市的需求。作为该大厦开业庆典的一部分，当伍德罗·威尔逊总统在白宫按下开关，大厦中的8万个电灯泡同时亮起。大厦铜质屋顶通过铜电缆连接到钢骨架，可使屋顶通过钢骨架接触到地面以防止雷电袭击。

◎摩天大楼和电梯

当伍尔沃斯大楼于1913年开业时，它具有当时最先进的电梯系统。据记录，两个在大楼中速度最快的电梯从平层上升到54楼仅花了一分钟时间，距离有700英尺。一共有26部电梯为30英亩的大厦办公空间服务，但这些电梯移动的竖井占据了宝贵的地面空间。对于未来的摩天大楼，其融资的难易程度将取决于大厦建成后租金收入的多少，每增加一个额外的电梯井都可能威胁到该项目的未来。

直到1930年前，伍尔沃斯大楼仍然是世界上最高的大楼。这一年，装饰艺术风格的1 046英尺高的克莱斯勒大厦完工，然而它的高度纪录也仅保持了一年。帝国大厦像"水晶宫"一样，是建筑项目的一个典范。它的建设工期只花了14个月，但在超过40年时间里，这个1 250英尺高的建筑物（当电视塔安置上去时，有1 414英尺高）一直是世界上最高建筑的纪录保持者。虽然第102层的瞭望台的高度不到伍尔沃斯大楼从其底部到顶部距离的两倍，但相比而言，帝国大厦的电梯却比伍尔沃斯大楼几乎多三倍。事实上，人们垂直穿梭于最高的建筑这一问题已经成为限制大厦高度的最重要因素。20世纪90年代中期，帝国大厦建成60年后，其高度仍旧保持在世界上最高建筑的10%

图10.6　西尔斯大厦

以内，纽约的世界贸易中心大厦（1 368和1 362英尺高），芝加哥的西尔斯大厦（1 454英尺高）（图10.6），它们分别建于1973年和1974年。

帝国大厦中最快的电梯速度比伍尔沃斯大楼的电梯速度快两倍。到20世纪90年代中期，世界上运行最快的电梯速度为近2 400英尺/分钟，它们安装在当时日本最高的建筑——横滨70层楼高的地标大厦。然而随着电梯速度越来越快，校准、噪声和安全的问题也随之增长。改良的滚针导轨、流线型的隔音体厢、安全且先进的陶瓷制动闸瓦等崭新特征都融入到地标大厦的电梯系统之中。

但是速度问题仅仅是电梯问题的一个方面。典型的100层楼高的摩天大楼中约有30%的占地面积留给了电梯及其辅助设备，如大厅和机房。在一个竖井中采用双层电梯或运行多个电梯可以节省一些占地空间（图10.7）。不管它占用多少空间，电梯容量仍然至关重要，不仅在上下班高峰时间，而且在紧急情况下要撤离摩天大楼时都需要电梯快速、便利地运送相关人员，当前还在发展替代传统方式的运送方法。到1996年，西尔斯大厦（不包括其天线）的基本高度被马来西亚吉隆坡的1 476英尺（约95层楼）高的双子塔超过（斯萨比利，建筑工程设计师；桑顿-托马斯特，结构工程设计师）。天空中的连接桥（图10.8）可以使工作人员和游客在两座塔之间穿梭，而无须乘用电梯到底层再进行转换，而且一旦出现紧急情况，它还可以作为一个备用出口。

在电梯设计上另一个棘手的问题是支撑电梯的绳索和电缆长度。随着长度的增加，它们也会给系统增加更多的重量。因为这样或是那样的原因，电梯工程设计师们正在开发一种完全不需要电缆的电梯。在这些系统中，永久磁铁和线性同步电机驱动多个电梯轿厢在持续的电路中移动，正如图10.9所表明的那样，这个想法与摩天轮并无二致。

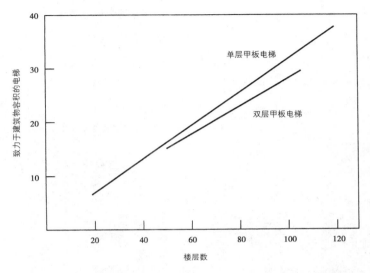

图10.7 作为实现摩天大厦内楼层间移动功能的载体，单层和双层电梯占据了建筑物的内部空间

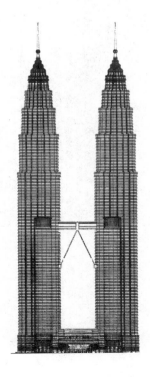

图10.8 马来西亚吉隆坡的双子塔

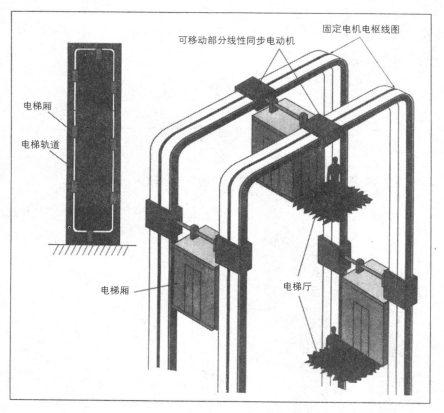

图10.9 一个先进的电梯系统，在同一个竖井中有多个电梯间，如同摩天轮那样的设置

◎高层建筑的晃动

在建筑物变得更高的同时，他们的重量却已变得相对更轻，因此也更具柔韧性。这样的进化发展在工程设计学上是很自然的事情，并可以追溯到桥梁、飞机以及建筑物等的发展史中。这些发展趋势主要是受经济驱动，但也有美学和功能上的相关考量。例如，更轻的框架结构的摩天大楼在建筑上更加时尚，可以有更多的地面使用面积和窗户面积，这些进步使得它对潜在的客户更具吸引力。然而，如果该建筑物柔韧性过强，较高的楼层就能感受到大楼的晃动，进而使住户们惶恐不安，他们可能会看到墙壁上的照片倾斜或发现桌上的杯子四周溅洒着咖啡。

摩天大楼的设计随着新奇的结构系统和基础计算机模拟分析的发展而不断演变。这些概念在设计帝国大厦时并不存在。因此，以今天的标准来看，帝国大厦是一个非常庞大而呆板的结构。事实上，在1945年的一个雾天，一架飞机全速撞上帝国大厦后坠毁，然而其建筑结构所遭受的损伤却相对较轻，不过即使是最坚硬的高层建筑也有一定程度的柔韧性。在20世纪60—70年代高大建筑不断涌现之前，帝国大厦的顶部是否真的能在风中晃动一两英尺的问题成为观景台上游客讨论的焦点问题。

波士顿科普利广场上的约翰·汉考克大厦几乎和帝国大厦一样高，它根据独特的建筑设计修建，从而很容易在大风时被吹得扭曲变形，这是贝聿铭联合社团的建筑工程设计师和结构设计师亨利·科布所没有预料到的。起初他们认为是反复的扭曲和其他的成形运动导致这栋大厦的大窗玻璃掉落到楼下的广场，从而造成相当大的安全隐患。但后来他们发现玻璃本身的热胀冷缩才是主要原因。在对该建筑的问题进行正确分析之后，大厦的窗户被重新设计，并通过在第58层安装由电脑控制的液压执行器系统进行控制。通过在这个系统上附着两个净重达300吨的障碍物来抗衡大厦的晃动，以解决大楼扭曲的问题。这如同我们在操场上荡秋千一样，以自身体重与重力成相反方抛出，身体就会来回晃动，我们可以自己证明一下这种运动方式。这个安装在约翰·汉考克大厦的系统被称为调谐质量阻尼器（图10.10），将其安装在其他高层建筑之中已成为建筑设计的一部分。当传感器检测到了某种程度的活动，泵就会被激活使一大块障碍物浮在油膜上，从而使其能够根据事先设计好的程序控制制动器相对于建筑物滑动。

1977年，世界第一高楼——纽约市的花旗集团中心大厦完工，它的设计就包含了调谐质量阻尼器。当初决定在第五十三号和第五十四号街道之间修建花旗集团中心大厦，它可以直接从花旗集团的总部跨到来克星敦大道，当作出这个决定之后，人们发现大厦需要占据一座上世纪末的教堂一角的屋顶空间。为换取在教堂之上修建大厦的空间权，这座古老的教堂被拆除并在其旧址上新建了一座教堂，作为花旗银行中心建筑群的一部分。这栋914英尺高的摩天大楼由建筑工程设计师休·斯塔宾斯设计，它建立在平地而起的九层楼高的四根圆柱之上。这栋大厦由悬臂支撑于四个开角之上，其中一个开角将旧教堂纳入大厦之中，在其开角方形平面上还有另外50层楼。大楼顶部被赋予了独特的斜剖面。由于这不寻常的框架结构形状（图10.11），花旗集团中心大厦的设计从一开始就包含了400吨重的调谐质量阻尼器以减少风引起的晃动，这是受到安装在波士顿汉考克大厦中的系统的启发而设计。

抵挡风力主要还是靠摩天大厦本身的结构系统，然而设计花旗集团大厦尤为棘手。这个项目的建筑结构工程设计师是威廉·勒梅萨里尔，他所在的公司也设计了波士顿汉考克大厦的调谐质量阻尼器。勒梅萨里尔设计了一个独特的十字支撑系统，使塔的重力和风力负载转移到支撑塔身的四根柱子之上（图10.11）。虽然建筑物主要的钢构架被焊接在一起以形成一个刚性构架，但是勒梅萨里尔发现建筑物竣工并投入使用后，用螺栓固定取代了较为昂贵的焊接连接。一个项目从概念设计到施工过程这样的设计便更较为常见，因而用螺栓固定取代焊接连接的设计方案得到了勒梅萨里尔所属公司的批准。然而由于花旗公司大厦的结构采用不同寻常的方式来抵抗风力，勒梅

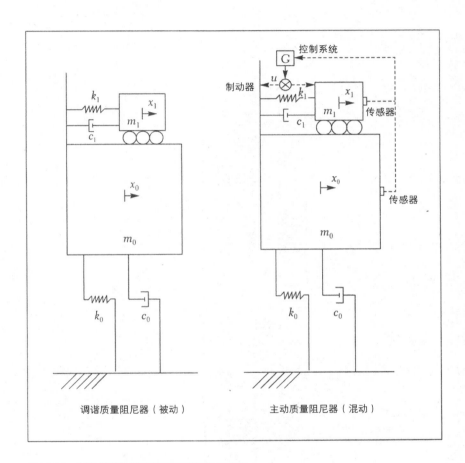

图10.10 两种类型的调谐质量阻尼器的示意图

萨里尔后来发现采用螺栓固定不能用来解决最糟糕的情况，在大厦遭遇有威胁的强风袭击之前，必须进行复杂而紧急的焊接补救工作。直到1995年，当《纽约人》杂志报道此事时，对大厦进行补救的故事才被大众知晓。

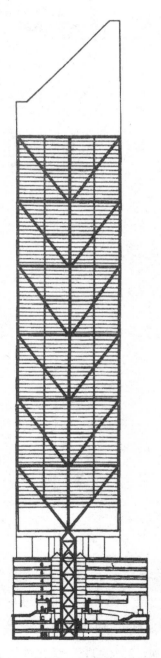

图10.11　花旗集团中心大厦的结构系统

◎意想不到的问题

事实上，一根管子的抗弯强度主要在于提供支承的管子的材料外围部分，而不是其结构的中心部位。这个原则是芝加哥约翰·汉考克大厦的对角支撑设计的依据（图10.12），约翰·汉考克大厦于1969年建成，这座地标建筑的构思是由结构工程设计师法兹勒·康连同建筑工程设计师布鲁斯·格雷厄姆以及斯基德莫尔奥因 & 美林公司的工程设计师和建筑设计师们合作完成。西尔斯大厦（图10.6）也是由格雷厄姆和康设计，并在5年之后竣工，该大厦通过采用9根成束的管筒进一步发展了管筒抗弯强度的理念，每一根成束的管筒都能增强其他管筒在风中的抗弯强度。后来，许多非常高大建筑的设计都建议采用管的变化或捆绑管筒成束的理念。

世界贸易中心的双子塔（图10.13）是建筑工程设计师山崎实和斯基林赫勒克里斯蒂安森& 罗伯逊工程公司专为纽约港务管理局所设计。它于1973年竣工，由于采用了管材抗弯强度高的原理，双子塔的房间拥有十分出色的多功能办公空间。在每209平方英尺的塔中，60英尺长的楼板梁从外墙的圆柱一直扩展至硬质的电梯中心，从而提供了一个灵活的开放空间。为了能在塔里、塔外、塔上、塔下运送大量的游客，建筑工程设计师们设计了能容纳230位乘客的多部电梯，它们在低层、中层以及高层区域系统中运行并与空中大厅相互连接，使人们在空中大厅能实现相互换乘。

世界贸易中心双子塔的结构设计考虑到了每平方英尺要承受高达45磅的风载荷强度，已经形成了建造高层建筑的标准，但为了确定其理论和电脑模拟计算是否正确，于是在风洞中进行模型试验。试验中也需考虑到风流向下通过双子塔之间时将可能引起双塔晃动的情况。最终证明该设计非常成功，但是世界贸易中心启用约20年后，当超强飓风袭击纽约市时，双子塔遭遇到它从未经历过的最强烈的风力袭击，于是人们被紧急疏散予以防备。虽然纽约市并未处于这次飓风的中心，但事实证明双子塔的强度可以在一个难以预测的情况中得以检验。

图10.12　芝加哥的约翰·汉考克中心

图10.13　世贸中心双子塔

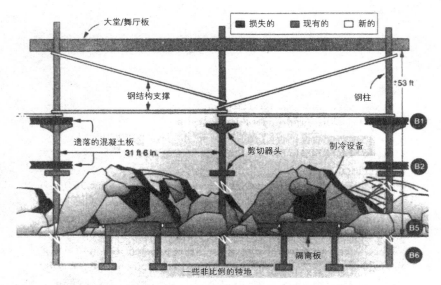

图10.14　恐怖袭击对世贸大厦的破坏，显示了紧急情况下立柱的支撑情况

　　一般说来，与所有摩天大厦一样，世贸中心楼下有许多层地下室以容纳机械设备，而且这些地下室还可以成为大厦内许多工作人员和前来参观双子塔的游客停车的场所（图10.14）。1993年2月26日星期五正午后不久，地下车库发生了巨大的爆炸造成楼层崩塌，顿时浓烟上升，使北塔笼罩于烟雾的黑暗之中，电力供应也随之中断。一辆装满炸药的卡车停在北塔外侧的立柱附近，显然是希望这次爆炸摧毁这座世界第二高的建筑。恐怖组织要为这次事故负责，他们希望造成轰动效应并且对这次事故造成的恐慌十分满意。虽然塔自身的结构经证明能够抵御攻击，但地下室楼层的崩塌造成了一些起支撑作用的立柱存在相当大的安全隐患，一旦损害程度评估结束，第一要务就是对立柱进行加固。

　　然而在结构性的损伤被完全确定之前，大厦内有成千上万的人需要疏散。随着电力的中断以及电梯停止运行，一些人不得不在烟雾弥漫、漆黑一片的楼梯间中摸索着下行。另一些人则被困在电梯里好几个小时，其中一些人笼罩在从电梯竖井升起的烟雾中。这些被围困的人之中有些是工程设计师，其中一些与纽约和新泽西州港务局有着重要的联系。当时世贸中心的管理部门以及许多桥梁的管理部门都在北塔高层的办公室中办公。其中一部电梯被困在第58层楼附近，被困人中有一位是港口管理局的总工程设计师尤金·法苏洛，由于他曾从事大厦的设计工作，因而很了解大厦从内到外的情况。当撬开电梯门后，被困的人们发现正好面对一堵毛坯墙。法苏洛知道只要凿穿面前这堵结实厚重的墙壁便可以回到公共空间，从那里他们便可以到达楼梯间，于是他们用上了一切可用的工具，如钥匙、回形针、指甲刀以及电梯操控台上的面板，不停地抓、刮、挖。三小时后，他们在墙上凿开了一个足够大的洞，他们通过这个洞爬到洗手间，从而逃离了险境。

总工程设计师法苏洛安全脱险后，立即加入了评估损失的队伍，而后他很快有了一些名气，不仅是因为他逃离险境时意志坚决，也是因为他在世贸大厦及其配套系统方面的渊博知识。在随后几天甚至几周内众多新召开的发布会上，他的坦率和清晰的表达让公众知晓了大厦的毁坏程度及其修复工作的进展。很大程度上由于法苏洛和他同事们的共同努力，世界贸易中心在极短的时间内被修复并重新开放，随着安保工作的显著增强，进入世界贸易中心地下空间将会受到更多的限制。

设计建筑时兼顾对恐怖主义破坏活动的考虑是一件非常棘手的事情，部分原因是由于选择的能够抵御一定爆炸的标准是针对特定适量的炸弹，同时无论你如何选择，当建筑物建好以后它都有可能遭遇到更大威力的炸弹袭击。像飓风和地震等自然事件，也只能通过对建筑物进行设计以便在某种程度上可以与之抗衡。如50或100年内的气象历史记录可以为建筑物在其预期使用年限内可能遇上的最严重的暴风雨提供相关依据。历史气象记录可以作为设计的基础，但室外总是会有更大的暴风雨，而地震则对设计方案有着更为严苛的要求。经验表明，虽然过去每个地区的地震有一定的特点，它可作为像摩天大楼和桥梁等建筑结构设计的合理依据，但是地球仍以难以理解的方式运动，这些运动的震级和方向蕴含着惊人的能量。例如，1994年发生于北岭市的地震袭击了洛杉矶地区，这次地震沿着一个未知的地质断层一反常态地进行大规模的竖向震动。北岭地震只是导致桥梁和钢结构建筑大量损坏的诱因，它引起的破坏程度让人有些出乎意料，因为人们通常认为钢结构建筑比砖石和混凝土建筑能更好地抵御地震的破坏。

◎环境因素

虽然恐怖爆炸事件和自然灾害能够测试一个大型建筑抵御破坏的极限，但是作为由多个子系统组成的复杂系统，其更多常规问题因素往往决定着其设计的成败与否。现代建筑内部的气候调节十分重要，以炎热和潮湿天气著称的诸如亚特兰大和休斯敦这样的城市，空调的开发和利用在其城市的商业增长中发挥了重要作用。早在20世纪20年代，虽然剧院安装了空调设备，但是高层建筑却遇到了一个问题：由于大型空间需要降温，但许多庞大的、被用来实现大量空气流通的通风管道需要建立在建筑物上层。第一个安装有效空调设备的高层建筑是位于得克萨斯州圣安东尼奥的米拉姆大厦。1928年，在这栋21层高的大厦上，航母工程公司安装了一台300吨重的制冷机组，冷却的水被抽送到整栋大厦，风扇吹出的热风通过制冷管道得以降温。来自圣安东尼奥河的河水则被用来冷却这个系统的电容器，这种方法直到20世纪50年代才被冷却塔所取代。

尽管现在在大型建筑物上运用大型冷却塔的现象已是司空见惯，但是当冷却塔使用不当时，它将会是产生各种传染疾病的根源。在一次美国退伍军人大会举行期间，一种神秘的疾病开始爆发，因而命名为"退伍军人症"。现代建筑的其他一些意想不到的环境并发症发生在窗户被长期封闭的办公室中，如此封闭的环境使得加热和制冷系统可以更好地控制室内气候，但这样的环境又会导致通风不良。在某些情况下，由合成材料和有机溶剂相结合散发出的有毒气体会使居住者产生头痛、恶心和皮疹等不良现象。在少数情况下，这种建筑物最终便成为可居住的"病态建筑"。

　　随着越来越多的高大建筑物的落成，这些建筑物内容纳着越来越多的住户，几乎相当于一个城市的人口，高大建筑物对所在社区环境产生的深厚影响已日益明显。人的绝对数量和他们所需要的服务加重了各种系统的负担，包括交通运输、邮递、电话和公众健康。例如，世界贸易中心每天必须容纳约50 000名员工和80 000名访客，这相当于在任何特定的时间里带给世贸中心的是一个主要城市的人口以及随之而来的复杂问题。正如所有的工程设计一样，成功的建筑物是其主系统和子系统的各种复杂因素及其相互作用的综合体，它们对环境及自身系统产生影响并与之相互联系，这些因素都需要设计师在进行设计时作出合理的预测。

参考文献与补充书目

作者姓名之后是所列书籍首次出版年份。后续版本、译文或者其他参考版本也可以在条目中看到，条目最后列出的是该出版物的出版时间。

1 概　论

［1］詹姆斯·L.亚当斯.飞拱、函数与O型圈：世界的工程师［M］.马萨诸塞州剑桥：哈佛大学出版社，1991.

［2］W.H.G.阿米蒂奇.伟大工程设计的社会史［M］.科罗拉多：韦斯特维尔出版社，1976.

［3］L.斯普拉格·德坎普.古代的工程师［M］.纽约：双日出版社，1963.

［4］迈克·科莱姆斯.土木工程摄影史（1839—1889）［M］.伦敦：托马斯·特尔福德出版社，1991.

［5］尤金·S.弗格森.工程与心灵之眼［M］.马萨诸塞州剑桥：麻省理工学院出版社，1992.

［6］詹姆斯·奇普·芬奇.工程学史［M］.纽约：安克尔丛书出版社，1960.

［7］塞缪尔·佛罗曼.工程学中的乐趣［M］.纽约：圣马丁出版社，1976.

［8］切尔西·弗瑞泽.美国工程故事［M］.纽约：托马斯·扬·克洛威尔出版集团，1928.

［9］奥古斯汀·J.费迪里西.玛莎的儿子：现代文学中的土木工程读本［M］.纽约：美国土木工程师学会，1989.

［10］博特兰·吉儿.文艺复兴时期的工程设计师［M］.马萨诸塞州剑桥：麻省理工学院出版社，1966.

［11］劳伦斯·P.克雷森.成为一名工程师：美国与加拿大工程教育图片史

〔M〕.纽约：约翰威立国际出版公司，1993.

〔12〕唐纳德·霍尔.古希腊罗马时期与中世纪的工程史〔M〕.拉萨：大众出版社，1984.

〔13〕弗雷德·哈普古德.无尽的走廊：麻省理工学院与工艺科技想象力〔M〕.马萨诸塞州雷丁：艾迪生韦斯利出版社，1993.

〔14〕亨利·霍奇斯.古代工艺〔M〕.纽约：巴诺书店出版社，1992.

〔15〕特雷西·基德尔.新机械的灵魂〔M〕.波士顿：小布朗出版社，1981.

〔16〕理查德·谢尔顿·卡比，等.工程学史〔M〕.重印版.纽约：多佛出版公司，1956.

〔17〕J.G.连德尔斯.古代工程设计学〔M〕.伯克利：加利福尼亚大学出版社，1978.

〔18〕威利·莱伊.工程设计师的梦想〔M〕.纽约：维京出版公司，1960.

〔19〕理查德·L.米汗.了解工程生活中的要求和其他故事〔M〕.马萨诸塞州剑桥：麻省理工学院出版社，1981.

〔20〕J.P.M.潘尼.人类的工程师：工程学图片史〔M〕.纽约：新月出版集团，1977.

〔21〕亨利·佩德罗斯基.设计范例：工程错误与判断案例史〔M〕.纽约：剑桥大学出版社.

〔22〕瑞约·翰伊，鲁迪·沃尔迪.历史上的工程设计师〔M〕.纽约：皮特尔·郎出版社，1993.

〔23〕特里·雷诺兹.美国工程设计师：工艺与文化史事选集〔M〕.芝加哥：芝加哥大学出版社，1991.

〔24〕L.T.C.罗尔特.维多利亚时代的工程设计〔M〕.哈蒙兹沃思，米都塞克斯：企鹅出版集团，1974.

〔25〕丹尼尔·L.斯科德克.美国土木工程设计的里程碑〔M〕.马萨诸塞州剑桥：麻省理工学院出版社，1987.

〔26〕塞缪尔·斯迈尔斯.工程设计师的生活〔M〕.普及版五卷.伦敦：约翰·默里出版社，1904.

［27］汉斯·斯特劳勃.土木工程设计史［M］.欧文·罗克韦尔，译.马萨诸
　　　塞州剑桥：麻省理工学院出版社，1964.

［28］佩珀尔·怀特.概念工厂：在麻省理工学院学习与思考［M］.纽约：杜
　　　登出版社，1991.

2　回形针及其设计

［1］亚里斯多德.公元前4世纪.小型工程［M］.W.S.黑特，译.马萨诸塞州剑
　　桥：哈佛大学出版社，1980.

［2］肯尼斯·A.布朗.工作中的发明家：16位美国著名的发明家的访谈录
　　［M］.雷德蒙德：微软出版社，1988.

［3］伊萨姆巴尔德·布鲁奈尔.土木工程设计师伊萨姆巴尔德·金顿·布鲁
　　奈尔的生活［M］.伦敦：朗曼格林出版社，1870.

［4］弗雷德·K.卡尔.专利手册：发明家与研究员检索专利与准备申请专利
　　指南［M］.杰弗逊：麦克法兰出版公司，1995.

［5］库博–休伊特博物馆.美国企业：十九世纪专利的典型范例［M］.纽约：
　　库博–休伊特博物馆，1984.

［6］欧文·爱德华兹.优雅的解决方案：人性化世界中的工艺精髓［M］.纽
　　约：花冠出版社，1989.

［7］M.J.弗闰奇.工程师的概念设计［M］.2版.伦敦/柏林：设计委员会/施普
　　林格出版社，1985.

［8］保尔·戈德伯格.升华：后现代时期的建筑学与设计［M］.纽约：企鹅
　　出版集团，1985.

［9］比尔·霍林斯.佩什·斯图亚特.成功的产品设计:做什么，什么时候做
　　［M］.伦敦：巴特沃斯出版社，1990.

［10］电气与电子工程师协会.专利特刊·电气与电子工程师协会专业通信学
　　　刊［J］.1979：卷PC–22.No，2.

［11］弗里茨·莱昂哈特.桥梁：美学与设计［M］.马萨诸塞州剑桥：麻省理
　　　工学院出版社，1984.

［12］克莉丝汀·麦克劳德.创造工业革命：英国专利体系，1660—1800
　　　［M］.剑桥：剑桥大学出版社，1988.

［13］罗伯特·帕特里克·米杰斯.专利法规与政策：案例与材料［M］.夏洛
茨维尔，弗吉尼亚州：米奇出版社，1992.

［14］阿迈勒·库马尔·纳杰夫."嗨，抓住窍门！你的回形针基本造型就像
个捕鼠器"［N］.华尔街日报，1995-07-24：A1版面，A5.版面.

［15］戴维德·普莱斯曼.自己来申请专利［M］.3版.伯克利，加利福尼亚：
团结出版社，1991.

［16］亨利·佩特罗斯基.器具的进化［M］.纽约：阿尔弗雷德·A.克诺夫出
版社，1992.

［17］亨利·佩特罗斯基.人工器物的演变［J］.科学美国人，1992（9-
10）：416-420.

［18］亨利·佩特罗斯基.向回形针学习［J］.科学美国人1995（7-8），
313-316.

［19］斯图亚特·佩什.整体设计：成功产品工程设计的完整方法［M］.马萨
诸塞州雷丁：艾迪生韦斯利出版社，1991.

［20］特雷萨·赖尔登."专利权"［N］.纽约时报，1994-09-19（C2版）.

［21］L.T.C.罗尔特.伊萨姆巴德·金顿·布鲁奈尔［M］.哈蒙兹沃思，米都
塞克斯：企鹅出版集团，1970.

［22］斯蒂芬·铁木辛柯.材料力学史：结构理论和弹性理论史简析［M］.纽
约：多佛出版公司，1983.

［23］美国专利局.1790年至1888年7月1日　美国政府颁发给女性发明家的专
利［M］.华盛顿特区：政府印刷局，1988.（1892年与1895年发行的增
刊也可见。）

3　铅笔尖及其设计分析

［1］乔治乌斯·阿格里科拉.论矿冶［M］.亨利·克拉克·胡佛与卢·亨
利·胡佛，译.纽约：多佛出版公司，1995.

［2］S.C.科文.注意断裂的铅笔尖［J］.应用力学杂志，1983（50）：453-454.

［3］唐·克朗奎斯特.折断的铅笔尖［J］.美国物理学杂志，1979（47）：
653-655.

［4］伽利略.两种新科学的对话［M］.亨利·克鲁，阿方索·德·萨尔维

奥，译.纽约：多佛出版公司，1954.

［5］J.E.科顿.建筑：为什么事物不会倒塌［M］.纽约：达·卡波出版社，1978.

［6］J.E.科顿.牢固材料的新科学：为什么没有跌落至地板［M］.2版.普林斯顿：普林斯顿大学出版社，1984.

［7］亨利·佩特罗斯基.断裂的铅笔尖［J］.应用力学杂志，1987（54）：730-733.

［8］亨利·佩特罗斯基.铅笔：设计与环境史［M］.纽约：阿尔弗雷德·A.克诺夫出版社，1990.

［9］吉尔·沃克.业余科学家［J］.科学美国人，1979（2）：158-166.（也可见于11月份期刊，202-204页）

4 拉链及其设计开发

［1］斯蒂文·奥斯尼特，等.美国专利号1964—1984：3，160，934；3，172，443;3，173，184；3，203，062；3，220，076；3，338，284；3，347，298；4，479，244.

［2］P.J.费德里科.拉链的发明与介绍［J］.专利局社会杂志，1946（28）：855-876.

［3］米歇尔·佛伦奇.发明与演变：在自然与工程中的设计［M］.2版.剑桥：剑桥大学出版社，1994.

［4］罗伯特·佛伦奇.拉链：新奇中的探索［M］.纽约：W.W诺顿出版社，1994.

［5］詹姆斯·克雷.鹰爪有限公司：成功的传奇［M］.宾夕法尼亚州：鹰爪有限公司，1963.

［6］安妮·L.麦克唐纳.女性的独创：美国女性的发明［M］.纽约：兰亭图书集团公司，1992.

［7］角田内藤.美国专利号1965—1967：3，198，228；3，291，177；3，340，116.

［8］查理斯·帕拉迪.日常事物的离奇起源［M］.纽约：哈珀与罗出版公司，1987.

［9］亨利·佩特罗斯基.器具的进化［M］.纽约：阿尔弗雷德·A.克诺夫出版社，1992.

［10］亨利·佩特罗斯基.有记载的发明［J］.科学美国人，1993（7-8）：314-318.

［11］雅各布·拉比诺.发明的乐趣和益处［M］.旧金山：旧金山出版社，1990.

［12］奥特恩·斯坦利.母亲和女儿的发明：工艺改进详史［M］.新不伦瑞克省，新泽西：罗格斯大学出版社，1995.

［13］美国专利与商标局.纽扣到生物科技：1977至1989 授予女性的美国专利权［M］.华盛顿特区：美国商务部，1990.（1989年最新增刊也可见）

［14］乔治·M.沃尔什.扣人心弦的故事［N］.甘尼特韦斯切斯特 （纽约）报，1986-12-21（第H1-H2版）

［15］刘易斯·温纳.拉链［J］.美国科学，1983（6）：132-136，138，143-144.

5　铝制易拉罐及其设计失效

［1］克里斯托弗·亚历山大.形态生成札记［M］.马萨诸塞州剑桥：哈佛大学出版社，1964.

［2］R.A.贝尔.罐头工业的起源［J］.纽康门协会学刊38号刊，1965—1966：145-151.

［3］弗雷德·L.丘奇.铝罐的轻量化：仍在继续［J］.现代金属，1992（12）：34F-34K.

［4］弗雷德·L.丘奇.有凹槽的设计有助于饮料瓶减轻10%的重量［J］.现代金属，1993：34F-34K.

［5］弗雷德·L.丘奇.钢罐能迎接饮料的挑战［J］.现代金属，1993（6）：34FF-34HH.

［6］格伦·柯林斯.十年之后，可口可乐会嘲笑"新可乐"［N］.纽约时报，1995-04-11（商业版）.

［7］露丝·施瓦兹·考恩.为母亲而努力的工作：平炉到微波炉的家用科技

反讽故事［M］.纽约：基础图书公司，1983.

［8］朱丽叶·戴维斯.循环利用的易拉罐于92年刷新最高记录［J］.现代金属，1993（6）：34BB–34EE.

［9］托马斯·W.伊加.为市场带来新材料［J］.技术评论，1995：43–49.

［10］威廉·F.霍斯福德，约翰·L.杜肯.铝制易拉罐［J］.科学美国，1994（9）：48–53.

［11］莱斯特·拉维，等.我与安德烈的购物之旅［J］.技术评论，1995（213）：59–63.

［12］约翰·麦尔斯.聚酯瓶的发展正超越树脂供应［J］.现代塑料，1994（12）：40–55.

［13］亨利·佩特罗斯基.在失败中形成［J］.发明与工艺的美国遗产，1992（秋季刊）：54–61.

［14］亨利·佩特罗斯基.人类工程设计师：失败在成功设计中的地位［M］.纽约：古典书局，1992.

［15］雷诺兹金属集团公司 V.集团编号.No.76 C 4198.

［16］美国地区法院，北达科他州.伊利诺斯，教育署，1981年7月6日.

6　传真及其网络系统

［1］伯纳德·C.科尔.芯片制造商眼中的新市场：电脑传真［J］.电子产品，1990（4）：72–74.

［2］乔纳森·库珀尔斯密斯.传真的错误开端［J］.美国电气和电子工程师协会会刊，1993（2）：46–49.

［3］丹尼尔·M.科斯蒂根.文档与图像的电子传送［M］.纽约：范·诺斯特兰莱因霍尔德出版公司，1978.

［4］戴维德·弗兰克尔.综合服务数字网光临市场［J］.美国电气和电子工程师协会会刊，1995（6）：20–25.

［5］L.J.格兰.扫描图像技术带来的开展业务新方式［J］.电话电报技术，1991，6（4）：2–9.

［6］丰田，本田，等.小型个人传真压缩技术［M］.电气与电子工程师协会

计算机电子学会刊，1992（38）：417–423.

［7］托马斯·P.休斯.1880—1930网络的力量：西方社会的电气化［M］.巴尔的摩：约翰霍普金斯大学出版社，1983.

［8］托马斯·P.休斯.美国创世纪：1870—1970 一个世纪的发明与工艺热情［M］.纽约：维京出版公司，1989.

［9］I.迪克逊·亨特，R.W.阿博拉德.商业与家用的传真点播系统［J］.英国电信技术杂志，1994，12：34–43.

［10］格雷戈里·乔达尔.为"昨天就需要"的世界进行即时通信［J］.专业化制造系统，1989（3）：46–50.

［11］米尔特·李奥纳德.传真调制解调器芯片将数据传送给笔记本电脑［J］.电子设计，1991（3）：47–54.

［12］J.S.林克温克，卢卡斯·F.X.美国电话电报公司传真产品和服务速度的书面信息［J］.美国电话电报公司技术，1989，4，No2：12–17.

［13］理查德·D.莱昂斯.1993年传真机执行委员会与开发人员奥斯汀·库利讣告［N］.纽约时报，1993–09–09.

［14］肯尼斯·R.麦克康内尔，丹尼斯·博德森，理查德·斯格福斯特.传真机数码传真技术与应用［M］.马萨诸塞州诺伍德：艺达大厦出版社，1989.

［15］Miastkowski，Stan.WinFax Pro（sysmantec出品的著名网上传真软件）打击着网络［J］.Byte，1994：141–144.

［16］斯坦·米亚斯特科夫斯基.WinFax Pro对网络的冲击［J］.字节，1994（2）：141–144.

［17］艾伦·E.迈尔夫斯基，亨利·S.内尔德.盲人传真阅读者［J］.会议记录，关于讯号、系统与计算机的第二十四届艾西洛玛会议，1990，2：881–886.

［18］莱斯利·K.诺夫德，塞恩·B.丹德瑞奇.近期电子办公设备技术性回顾［J］.电气与电子工程师协会工业应用研讨会会议论文集，1993：1355–1362.

［19］贡纳·皮特尔森.综合业务数字网：从习惯到商品服务［J］.美国电气
　　　和电子工程师学会会刊，1995（6）：26-31.

［20］尼尔·斯特劳斯.价钱总计$16.98：为什么CD如此昂贵［N］.纽约时
　　　报，1995-07-05（第B1，B6版）.

7　飞机及其计算机辅助设计

［1］皮特·M.鲍尔斯.波音飞机：自1961［M］.马里兰州安纳波利斯：海军
　　　工程学院出版社，1989.

［2］斯蒂芬·凯西.在Stun网络协议上设置移相器：与其他真实的设计、工
　　　艺与人为失误的故事［M］.美国加利福尼亚州圣巴巴拉：爱琴海出版
　　　社，1993.

［3］克里斯汀娜·德尔威莱，米歇尔·施罗德.美国联邦航空局会宽容对待
　　　波音公司吗？［J］.商业周刊，1996-01-29：56-58，60.

［4］约翰·H.菲德尔，道格拉斯·贝斯奇.DC-10案例：在应用理论学、工
　　　艺和社会中学习［M］.奥尔巴尼：纽约州立大学出版社，1992.

［5］J.E.乔丹.结构：事物为什么不会倒塌［M］.纽约：初音岛出版社，
　　　1978.

［6］马克·A.高夏克.波音公司如何让波音777翱翔蓝天［N］.设计新闻，
　　　1994-09-12：50-56.

［7］苏珊·兰姆尔斯.程序员的工作访谈［M］.第一系列，雷德蒙德：微软
　　　出版社，1986.

［8］伊兰·麦克恩特里.空中客车的跨大西洋战争［M］.韦斯特波特，康涅
　　　狄格州：普拉格出版社，1992.

［9］皮特·G.诺曼伊.有关计算机的风险［M］.马萨诸塞州，纽约&雷丁：美
　　　国计算机协会出版社&艾迪生韦斯利出版社，1995.

［10］唐纳德·A.诺曼.生活中的设计［M］.马萨诸塞州雷丁：艾迪生韦斯利
　　　出版社，1989.

［11］唐纳德·A.诺曼.转弯信号:汽车的面部表情［M］.马萨诸塞州：高等教
　　　育出版社，1992.

［12］利奥·欧康纳.在丹佛国际机场保持事物的运动［J］.机械工程学，

1995：90–93.

[13] 克里斯托弗·欧莱芭.协和飞机的故事：十年的服务［M］.特威克纳姆，米德尔塞克斯：坦普尔出版社，1986.

[14] 亨利·佩特罗斯基.德雷波奖［J］.美国科学人，1994（3-4）：114-117.

[15] 本·里奇，亚诺什·利奥.臭鼬工厂：那些年我在洛克希德的个人回忆录［M］.波士顿：小布朗出版社，1994.

[16] 卡尔·萨巴赫.21世纪的喷气式飞机：波音777的制造与销售［M］.纽约：斯克瑞布勒出版社，1996.

[17] 雷尔·施拉格.当技术失效时：二十世纪的重大技术灾难、事故与失效［M］.底特律：盖尔研究出版社，1994.

[18] 罗伯特·J.塞林.传奇和遗产：波音公司及其旗下的人们［M］.纽约：圣马丁出版社，1992.

[19] 沃特尔·G.文森蒂.工程师知道什么 他们如何知道：来自航空史的分析与研究［M］.马里兰巴尔的摩：约翰霍普金斯大学出版社，1990.

[20] 劳伦·鲁斯·维勒.数字困境：我们为什么不应依赖软件［M］.马萨诸塞州雷丁：艾迪生韦斯利出版社，1993.

[21] G.帕斯卡·扎卡里.搅局者！微软创造视窗操作系统新技术及其下一代产品的高速竞赛［M］.纽约：自由出版社，1994.

8 水系统及相关社会背景

[1] 美国给水工程协会.水质与处理：社区水供应手册［M］.4版.纽约：麦格劳希尔出版社，1990.

[2] 雷切尔·卡尔森.寂静的春天［M］.波士顿：霍顿米夫林出版公司，1962.

[3] 玛格雷特·莱斯利·戴维斯.威廉·穆赫兰和他在洛杉矶的发明［M］.纽约：哈珀柯林斯出版社，1993.

[4] 戴维德·福勒."人才的流失"（关于约瑟夫·巴扎尔格特）［J］.新土木工程师，1991（3）：24-27.

［5］弗朗提努斯.两本关于罗马城水供应的书［M］.克莱门斯·赫歇尔，
译.波士顿：英国自来水厂协会，1973.

［6］理查德·谢尔顿·卡比，等，土木工程设计史［M］.纽约：多佛出版
公司，1990.

［7］恩佐·利维.水的科学：现代水利学基础［M］.丹尼尔·E.梅迪纳，
译.纽约：美国土木工程协会，1995.

［8］基诺·J.马尔科，罗伯特·M.霍林沃斯，威廉·达勒姆.寂静的春天 蓦
然回首［M］.华盛顿特区：美国化学学会，1987.

［9］爱德华·J.马丁，爱德华·T.马丁.小水流和废水处理系统技术［M］.纽
约：万·诺斯特兰·莱因霍尔德出版公司，1991.

［10］戴维德·麦卡洛.海洋间的通道：创建巴拿马运河1870—1914［M］.纽
约：西蒙和舒斯特出版公司，1977

［11］莱昂纳德·梅特卡尔夫，哈里森·P.艾迪.美国排水设备实践：第一
卷：下水道设计［M］.纽约：麦格劳希尔集团，1928.

［12］贝弗利·鲍文，莫勒尔.哲学的摇摆和大石坝［M］.伯克利：加利福尼
亚大学出版社，1971.

［13］亚瑟·E.摩尔根.水坝与其他灾难：一个世纪——土木工程中的美国陆
军工程兵团［M］.波士顿：波特萨金特出版公司，1971.

［14］戴维德·M.尼尔森.地下水监测实用手册［M］.密歇根州切尔西：路易
斯出版社，1991.

［15］马克·莱斯纳.凯迪拉克的荒漠：美国西部与它消失的水源［M］.纽
约：维京出版公司，1986.

［16］F.W.罗宾斯.水的故事［M］.伦敦：牛津大学出版社，1946.

［17］托德·夏拉特.溪流的结构：水、科学和崛起的美国陆军工程兵团
［M］.奥斯汀：得克萨斯大学出版社，1994.

［18］杰勒德·苏里曼，詹姆斯·E.斯洛森.法医工程：关于土木工程师和地
质学家的环境案例记录［M］.纽约:学术出版社，1992.

［19］罗曼·斯密斯.水坝史［M］.伦敦：彼得·戴维斯出版公司，1971.

［20］欧内斯特·W.斯蒂尔.供水与排水［M］.4版.纽约：麦格劳希尔集团，

1960.

［21］约瑟夫・E.斯蒂文斯.胡佛大坝：美国的冒险［M］.诺曼：俄克拉荷马
　　　大学出版社，1988.

［22］乔尔・A.塔尔，加布里埃尔・迪皮伊.欧美兴起的技术与网络化城市
　　　［M］.费城：坦普尔大学出版社，1988.

［23］小沃伦・维斯曼，马克・J.汉姆尔.水供应和污染控制［M］.4版.纽
　　　约：哈珀与罗出版公司，1985.

［24］维特鲁威.建筑十书［M］.M.H.摩尔根，译.纽约：多佛出版公司，
　　　1960.

9　桥梁和政治

［1］O.H.阿曼.地狱门拱形大桥与在纽约东河上连接铁路的方法［J］.美国土
　　　木工程师协会学刊，1918（82）：852–1004.

［2］O.H.阿曼.乔治・华盛顿大桥：基本概念与开发设计［J］.美国土木工程
　　　师协会学刊，1933（97）：1–65.

［3］格雷汉姆・安德尔森，本・罗斯克洛.海峡隧道的故事［M］.伦敦：E &
　　　F.N.Spon出版公司，1994.

［4］戴维德・P.比灵顿.罗伯特・马亚尔的桥梁：工程的艺术［M］.新泽西州
　　　普林斯顿：普林斯顿大学出版社，1979.

［5］戴维德・P.比灵顿.塔和桥：结构工程的新艺术［M］.新泽西州普林斯
　　　顿：普林斯顿大学出版社，1983.

［6］加利福尼亚大桥收费管理局.第四年度进展报告［M］.1937.

［7］弗兰克・P.戴维德森，约翰・斯图亚特・考克斯.宏：科学与技术如何
　　　塑造我们未来的新景象［M］.纽约：莫罗出版公司，1993.

［8］弗兰克・P.戴维德森，C.劳伦斯・米德.宏观工程：全球基础架构解决方
　　　案［M］.纽约：埃利斯・霍尔伍德出版公司，1992.

［9］艾瑞克・狄罗尼.美国桥梁的里程碑［M］.纽约：美国土木工程师协
　　　会，1993.

［10］詹姆斯・W.多伊格，戴维德・P.比尔林顿.安曼的第一座桥：从工程、
　　　政治和创业行为中学习［J］.技术与文化，1994（35）：537–570.

［11］查理斯·伊万·福勒.旧金山—奥克兰悬臂桥［M］.纽约：私人刊印出版社，1915.

［12］H.J.霍普金斯.跨越时间的桥梁：图解史［M］.纽约：普拉格出版社，1970.

［13］唐纳德·亨特.隧道：海峡隧道的故事 1802—1894［M］.伍斯特郡塞文河厄普顿：图像出版社，1994.

［14］唐纳德·C.杰克森.伟大的美国大桥与大坝［M］.华盛顿特区：保存出版社，1988.

［15］罗纳尔德·L.科奈恩.斯坦梅茨：工程师和社会主义［M］.巴尔的摩：约翰霍普金斯大学出版社，1992.

［16］阿诺尔德·柯尔特.两个铁路桥梁或者一个时代：福斯湾和泰河湾［M］.巴萨尔：伯尔克霍舍尔出版公司，1992.

［17］西莉亚·麦基.福斯湾大桥：图片史［M］.爱丁堡：莫布雷房子出版公司，1990.

［18］汉斯·马克.空间站：一个人的旅程［M］.达拉谟，新泽西州：杜克大学出版社，1987.

［19］戴维德·麦卡洛.伟大的桥梁［M］.纽约：西蒙和舒斯特出版公司，1982.

［20］戴维德·麦卡洛.海洋间的通道：创建巴拿马运河 1870—1914［M］.纽约：西蒙和舒斯特出版公司，1977.

［21］罗兰德·帕克斯顿.百年福斯湾大桥［M］.伦敦：托马斯德福出版公司，1990.

［22］亨利·佩特洛斯基.工程师的梦想：大桥建设者和跨越美国［M］.纽约：阿尔弗雷德·A.克诺夫出版社，1995.

［23］卡尔顿·S.普罗科特.跨海湾大桥的基础设计［J］.土木工程，1934（12）：617–621.

［24］C.H.珀塞尔.旧金山—奥克兰海湾大桥［J］.土木工程，1934（4）：183–187.

［25］C.H.珀塞尔，卡尔斯·E.安德鲁，克林·B.伍德拉夫.旧金山—奥克兰

海湾大桥［J］.工程新闻记录，1934（3）：371-377.

［26］莉莉·蕾西，爱德华·M.扬.伟大的桥：韦拉札诺海峡大桥［M］.纽
约：艾利尔/法勒，施特劳斯&吉罗斯出版公司，1965.

［27］W.M.金·罗迪斯.结构失效与工程伦理［J］.结构工程杂志，1933
（119）：1539-1555.

［28］约翰·A.罗布林.关于尼亚加拉大瀑布悬索桥和尼亚加拉大瀑布国际桥
梁公司理事长与董事的总结报告［M］.罗切斯特，纽约：李曼出版公
司，1855.

［29］约翰·A.罗布林.给纽约大桥公司理事长与董事的报告：东河大桥提案
［M］.布鲁克林：每日鹰出版社，1870.

［30］南森·罗森博格，沃特尔·G.文森蒂.大不列颠桥：知识的传承与传播
［M］.马萨诸塞州剑桥：麻省理工学院出版社，1978.

［31］昆塔纳·斯科特，霍华德·S.米勒.伊兹大桥［M］.哥伦比亚：密苏里
大学出版社，1979.

［32］皮特·斯戴克波尔.桥梁建设者：兴建中的旧金山海湾大桥的（1934—
1936）图片文档［M］.科特马德拉，加州：石榴出版公司，1984.

［33］戴维德·B.斯坦因曼，萨拉·鲁兹·华声，桥梁和它们的建造者
［M］.纽约：多佛出版公司，1957.

［34］约瑟夫·B.斯特劳斯.金门大桥：首席工程师对金门大桥和加利福尼亚
公路总段董事会的报告［M］.旧金山：金门大桥和公路总段，1938.

［35］德米特里·E.托尼亚斯.桥梁工程：设计、修复与现代公路桥梁维修
［M］.纽约：麦格劳希尔出版集团，1995.

［36］阿兰·特拉滕伯格.布鲁克林大桥：事实与符号［M］.芝加哥：芝加哥
大学出版社，1979.

［37］美国钢铁公司.旧金山：旧金山——奥克兰海湾大桥［M］.匹兹堡：美
国钢铁公司，1936.

［38］约翰·范德兹.门：金门大桥设计与施工的真实故事［M］.纽约：西蒙
和舒斯特出版公司，1986.

［39］J.A.L.沃德尔.桥梁工程［M］.纽约：威利出版公司，1916.

［40］菲利普·P.华生.大使桥：进步纪念碑［M］.底特律：韦恩州立大学出版社，1987.

［41］W.威瑟芬.福斯湾大桥［J］.工程学，1890（2）：213-283.

［42］卡尔文·A.伍德沃.圣路易斯大桥史［M］.圣路易斯：G.I琼斯出版公司，1881.

10　建筑及其系统设计

［1］杰瑞·阿德勒.高楼大厦：为什么1 000名男女工作人员夜以继日地工作五年且花费两百万美元来建设摩天大楼［M］.纽约：哈珀柯林斯出版公司，1993.

［2］美国土木工程师协会.历史与遗产项目指南［M］.纽约：美国土木工程师协会.

［3］诺曼·安德尔森，摩天轮图解史［M］.俄亥俄州博林格林：博林格林州立大学出版社，1992.

［4］林恩·S.彼德尔.高层建筑与城市人居委员会.二世纪的摩天大楼［M］.纽约：范·诺斯特兰莱因霍尔德出版公司，1988.

［5］戴维德·P.比灵顿.塔和桥：结构工程的新艺术［M］.新泽西州普林斯顿：普林斯顿大学出版社，1983.

［6］建筑艺术论坛/纽约.缩小差距：建筑师和工程师关系再思考研讨会论文集［M］.纽约：范·诺斯特兰莱因霍尔德出版公司，1991.

［7］罗伯特·伯恩.摩天大楼（小说）［M］.纽约：雅典神庙出版社，1984.

［8］罗伯特·坎贝尔."学习汉考克"［J］.建筑，1988（3）：68-75.

［9］卡尔·W.孔迪特.十九世纪美国建筑艺术［M］.纽约：牛津大学出版社，1960.

［10］卡尔·W.孔迪特.20世纪的美国建筑艺术［M］.纽约：牛津大学出版社，1961.

［11］威尔伯·克洛斯.规范：美国机械工程师协会关于锅炉和压力容器制定史［M］.纽约：美国机械工程师协会，1990.

［12］伯尔尼·戴布勒尔.移动方尖碑：工程史篇——1586年罗马梵蒂冈人力搬运方尖碑，更多类似搬运研究［M］.纽约：奔迪图书馆，1950.

［13］塞西尔·D.艾略特.工艺和结构：材料的开发与建筑系统［M］.剑桥，
　　　麻州：麻省理工学院出版社，1994.

［14］德韦恩·周绅.纽约爆炸后的工程师风采［J］.工程时间，1993（5）：
　　　1，8.

［15］珍·加维尔斯.升华：从金字塔到现代电梯外史［M］.法明顿，康涅狄
　　　格州：奥的斯电梯公司，1983.

［16］西格弗里德·吉迪翁.空间、时间和建筑：新传统的发展［M］.马萨诸
　　　塞州剑桥：哈佛大学出版社，1947.

［17］阿兰·霍尔根.结构艺术设计：简介与原始资料［M］.牛津：牛津大学
　　　出版社，1986.

［18］俊明石井.摩天大楼的电梯［J］.美国电气和电子工程师协会会刊，1994
　　　（9）：42–46.

［19］马丁·S.卡普.深地基上的高塔［J］.工程新闻记录，1964（7）：36–38.

［20］特雷西·基德尔.房屋［M］.波士顿：霍顿米夫林出版公司，1985.

［21］理查德·谢尔顿·卡比，等.历史上的工程学［M］.纽约：多佛出版公
　　　司，1990.

［22］勒·柯布西耶.走向新建筑［M］.纽约：多佛出版公司，1986.

［23］马泰斯·利维.马里奥·萨尔瓦多里.建筑为什么会倒塌：结构如何失
　　　败［M］.纽约：诺顿出版公司，1992.

［24］罗伯特·马克.建筑技术到科学革命：大型建筑物的艺术和结构［M］.
　　　马萨诸塞州剑桥：麻省理工学院出版社，1993.

［25］R.D.马歇尔，等.堪萨斯城凯悦酒店过道坍塌调查报告［M］.华盛顿特
　　　区：美国商务部，美国国家标准局，1982.

［26］乔·摩根斯坦恩.第五十九层危机［J］.纽约人，1995（5）：45–53.

［27］亨利·佩特罗斯基.人类工程师：失败在成功设计中的地位［M］.纽
　　　约：古典书局，1992.

［28］萨丁德尔·P.S.普利.世贸大厦爆炸期间困于电梯：个人叙事［J］.建筑
　　　设施性能杂志，1994（8）：217–228.

［29］雷塔·罗宾森.波波鹿［J］.土木工程师，1989（7）：34–37.

［30］雷塔·罗宾森.马来西亚双子塔: 高楼大厦［J］.土木工程，1994（7）：63–65.

［31］维托尔德·雷布津斯基.世界上最美的房子［M］.纽约：维京出版公司，1989.

［32］马里奥·萨尔瓦多里.为什么建筑能够矗立：建筑学的力量［M］.纽约：麦格劳希尔集团，1982.

［33］约翰·坦普勒.楼梯：历史与理论［M］.马萨诸塞州剑桥：麻省理工学院出版社，1992.

［34］约翰·坦普勒.楼梯：危险、跌落与更安全设计研究［M］.马萨诸塞州剑桥：麻省理工学院出版社，1992.

［35］查理斯·H.桑顿，等.建筑设计中的暴露结构［M］.纽约：麦格劳希尔集团，1993.

［36］尤金·伊曼纽尔·维欧莱特勒杜克.房子的故事［M］.乔治·M.陶瓦鲁，译.波士顿：J.R.奥斯古德公司，1874.

［37］维特鲁威.建筑十书［M］.莫里斯·西奇·摩尔根，译.纽约：多佛出版公司，1960.

图片注解

8.3 《新土木工程师》，1991年，3月14日

8.4 维斯曼.汉姆尔，《水供应和污染控制》

8.5 斯蒂尔，《供水与排水》，©1960麦格劳希尔集团版权所有

9.3 《科学美国人》，1888年，2月4日

9.4 威瑟芬，"福斯湾大桥"，1890

9.5 福勒，《旧金山—奥克兰悬臂桥》

9.6 《工程学》，1889年，5月3日

9.7 《工程新闻记录》，1934年，3月22日

9.8 《工程新闻记录》，1934年，3月22日

9.9 美国钢铁公司供稿

9.10 美国钢铁公司供稿

10.1 戴布勒尔，《移动方尖碑》

10.5 由伍尔沃斯公司提供

10.6 由伊利诺斯结构工程师协会提供

10.7 石井，"摩天大楼的电梯"《美国电气与电子工程师协会会刊》，1994年，9月.©1994 IEEE论文集版权所有

10.8 罗宾森，"马来西亚双子塔"，《土木工程》1994，7月.经美国土木工程师协会授权

10.9 石井，"摩天大楼的电梯"《美国电气与电子工程师协会会刊》，1994年，9月.©1994 IEEE论文集版权所有

10.10 常·杨，"使用主动调谐质量阻尼器控制大楼"，《工程力学杂志》，1995年，3月.经美国土木工程师协会授权

10.11 桑顿，等，《建筑设计中的暴露结构》

10.12 由伊利诺斯结构工程师协会提供

10.13 由美国与新泽西州港务局提供

10.14 《工程新闻记录》，1993年，3月8日

图书在版编目（CIP）数据

发明源于设计 /（美）佩卓斯基（Petroski，H.）著；
皮永生，唐影 译 . —重庆：重庆大学出版社，2016.12
（西学东渐·艺术设计理论译丛）
书名原文：INVENTION by DESIGN：How Engineers
Get from Thought to Thing
ISBN 978-7-5624-9021-0

Ⅰ.①发⋯　Ⅱ.①佩⋯ ②皮⋯ ③唐⋯　Ⅲ.①设计学
Ⅳ.①TB21

中国版本图书馆 CIP 数据核字（2015）第 093035 号

西学东渐·艺术设计理论译丛
发明源于设计
FAMING YUANYU SHEJI
[美]亨利·佩卓斯基（Henry Petroski）著
皮永生　唐 影　译
策划编辑：张菱芷
责任编辑：李桂英　　版式设计：张菱芷
责任校对：张红梅　责任印制：赵 晟
*
重庆大学出版社出版发行
出版人：易树平
社址：重庆市沙坪坝区大学城西路 21 号
邮编：401331
电话：（023）88617190　88617185（中小学）
传真：（023）88617186　88617166
网址：http://www.cqup.com.cn
邮箱：fxk@cqup.com.cn（营销中心）
全国新华书店经销
印刷：重庆长虹印务有限公司印刷
*
开本：787mm×1092mm　1/16　印张：15　字数：206 千
2016 年 12 月第 1 版　2016 年 12 月第 1 次印刷
ISBN 978-7-5624-9021-0　定价：45.00 元